MONIKA WEGLER

KANINCHEN IM AUSSENGEHEGE

So fühlen sie sich rundum wohl

INHALT

Typisch Kaninchen

Willkommen zu Hause

Mit Vergnügen draußen

Teste dein Kaninchenwissen!

Scanne den QR-Code und finde heraus, wie viel du schon über die kleinen Hoppler weißt. Erfahre spannende Fakten und lerne noch mehr über deine Lieblingstiere.

Hier geht's zum Quiz:

Der ideale Speiseplan

Gesund und quicklebendig

Service

Auf einen Blick

STECKBRIEF

Kaninchen

Kaninchen sind mehr als nur niedliche Haustiere. Sie können ihre Verfolger mit rasanter Geschwindigkeit abhängen, sind wahre Tunnelbaumeister – und ihr Geruchssinn übertrifft den des Menschen um ein Vielfaches. Neugierig, welche erstaunlichen Fähigkeiten diese Tiere noch zu bieten haben? Dann wird es Zeit, sie näher kennenzulernen!

11 kg

Die größte Kaninchenrasse der Welt, der »Deutsche Riese«, kann über 11 kg wiegen. Zwergkaninchen bringen dagegen meist nur rund 2 kg auf die Waage.

90

In Deutschland gibt es über 90 anerkannte Kaninchenrassen, die in weit über 350 verschiedenen Farbschlägen gezüchtet werden.

100.000.000

Kaninchen haben eine extrem feine Nase. Rund 100 Millionen Riechzellen helfen ihnen, Futter, Artgenossen und Feinde zu erschnüffeln. Der Mensch kommt dagegen nur auf etwa 20 Millionen.

40 km/h

In freier Wildbahn können Kaninchen blitzschnell flüchten: Sie erreichen Spitzengeschwindigkeiten von bis zu 40 km/h und schlagen plötzlich Haken. So hängen sie ihre Verfolger geschickt ab.

45 METER

Gänge, die Wildkaninchen in den Boden graben, können eine Länge von bis zu 45 Metern haben. Die beeindruckenden Bauwerke bieten Schutz vor Feinden.

33%

Der Blinddarm eines Kaninchens ist ein wahres Verdauungswunder: Er nimmt fast ein Drittel des Bauchraums ein und hilft, schwer verdauliche Pflanzenfasern aufzuschließen.

360°

Mit ihren weit auseinanderstehenden Augen erreichen Kaninchen fast einen Rundumblick. Das hilft ihnen, Fressfeinde rechtzeitig zu erkennen und sich in Sicherheit zu bringen.

Typisch Kaninchen

In jedem Hauskaninchen – gleich ob groß oder klein – steckt das Verhalten seiner Vorfahren, der Wildkaninchen. Lernen Sie deshalb »Kaninisch«, dann verstehen Sie Ihre Tiere von Anfang an.

DIE WELT DER KANINCHEN

Junge Kaninchen zählen zu den niedlichsten Tierkindern überhaupt und erobern die Herzen der Menschen im Sturm – vor allem auch die der Kinder. Dies hat dazu geführt, dass Kaninchen, besonders die Zwergrassen, auf der Beliebtheitsskala der Heimtiere weit nach oben geklettert sind. Leider landen viele Kaninchen im Tierheim, werden einfach »abgeschoben«, weil man nicht mit ihnen klarkommt. Mein Anliegen ist es deshalb, Sie davon zu überzeugen, dass Sie unendliche Freude mit Kaninchen erleben können, wenn Sie den Tieren ein Zuhause schaffen, in dem sich die kleinen Racker so richtig austoben und wohlfühlen können.

VORBILD WILDKANINCHEN

Begleiten Sie mich nun zunächst in die Welt der Wildkaninchen, deren Gene noch fest in unseren Hauskaninchen verankert sind. Lernen Sie Sprache und Verhaltensweisen verstehen und was für die Heimtierhaltung daraus folgt. Im Gegensatz zum Feldhasen, der ein ausgesprochener Einzelgänger ist, leben Wildkaninchen sehr gesellig und verbringen ihr gesamtes Leben innerhalb ihres Rudels. Hier findet ein intensiver Austausch vielfältiger sozialer Kontakte statt – die Lebensgemeinschaft bietet dem einzelnen Tier Schutz und Geborgenheit. Das tiefe Bedürfnis, gesellig zu leben und sich mit seinen Artgenossen auszutauschen, ist auch unseren Hauskaninchen angeboren.

AM LIEBSTEN GEMEINSAM

Ein Kaninchen sollten Sie nie allein halten. Machen Sie sich bewusst, dass weder ein Mensch noch ein Meerschweinchen dem Kaninchen den Partner ersetzen kann. Auch die Aussage: »Meinem einzeln gehaltenen Kaninchen fehlt es an nichts« ist ein Trugschluss. Nur weil das Tier in Anbetracht fehlender Alternativen versucht, sich irgendwie mit seinen Lebensumständen zu arrangieren, ist es noch lange nicht glücklich. Nicht korrekt ist übrigens die Behauptung, dass ein Einzelkaninchen handzahmer wird.

Ob ein Kaninchen ein Vertrauensverhältnis zu Ihnen entwickelt oder scheu und ängstlich bleibt, hängt von anderen Faktoren ab (→ Seite 21). Entscheiden Sie sich also von Anfang an für mindestens zwei Kaninchen. Wenn Sie eines der vorgestellten Gehege nachbauen, ist dort auch genügend Platz für eine kleine Kaninchengruppe.

HIER WOHNE ICH!

Kaninchen sind sehr reviertreu und verteidigen ihr angestammtes Territorium vehement gegenüber Artgenossen, die nicht zur Sippe gehören. Und dies hat gute Gründe: Wildkaninchen leben in unterirdischen Bausystemen. Hier finden sie Schutz vor ihren Feinden und ziehen ihren zahlreichen Nachwuchs auf. Das Nahrungsangebot ist meist knapp und muss sich in der Nähe des Baus befinden, damit das Kaninchen bei Gefahr sofort in seinen sicheren Bau flüchten kann.
Um das Überleben der eigenen Sippe nicht zu gefährden, können fremde Artgenossen nicht einfach akzeptiert und aufgenommen werden. Sie müssen sich ihr eigenes Territorium schaffen. Auch unsere Hauskaninchen folgen diesen angeborenen Instinkten, die bei der Vergesellschaftung unbedingt berücksichtigt werden müssen. Setzen Sie daher nie ein fremdes Kaninchen – ohne vorbereitende Maßnahmen – in das Zuhause eines anderen Kaninchens. Und erwarten Sie auch nicht, dass ein erwachsenes Kaninchen auf ein Jungtier Rücksicht nimmt. Kaninchen kennen keinen Welpenschutz wie etwa Hunde. Wer nicht zur Familie gehört, wird bekämpft (→ Seite 86).

CHEF GESUCHT

Jede soziale Lebensgemeinschaft benötigt gewisse Strukturen und Verhaltensregeln, damit das Miteinander gut funktioniert. In der Natur gilt es vor allem, das Überleben der Art zu sichern. Rangordnungskämpfe sorgen dafür, dass sich die starken und klugen Tiere durchsetzen. Diese garantieren wiederum gesunde Nachkommen und gewähren der Sippe durch ihre Fähigkeiten Schutz. In der Wildkaninchenkolonie herrscht eine strenge Rangordnung. Die Männchen kämpfen – mit beginnender Geschlechtsreife – um ihre Position innerhalb der Sippe, bis sich ein Alphamännchen (Rudelführer) durch-

Widderchen Puschel und Zwerg Pumuckl begegnen sich. Am hochgeklappten Schwanz erkennt man, wer hier der Selbstbewusste ist.

Ohren gespitzt, Schwänzchen abgeklappt, Körperhaltung angespannt. Pumuckl bewegt sich auf fremdem Gebiet. Hier ist Vorsicht angesagt!

Irgendetwas hat Pumuckl erschreckt. Fest an den Boden gedrückt und reglos verharrend: So hofft das Kaninchen, nicht entdeckt zu werden.

gesetzt hat. Unterlegene Rivalen können sich durch Flucht ernsthaften Verletzungen entziehen. Um den heftigen Rangordnungskämpfen unter potenten Rammlern in der Heimtierhaltung vorzubeugen, sollten Sie Böckchen unbedingt kastrieren lassen, möglichst bereits vor Beginn der Geschlechtsreife (→ Seite 20). Auch Weibchen verhalten sich, vor allem während ihrer Brunst, aggressiv gegenüber Rivalinnen. Deshalb empfiehlt sich auch keine reine Häsinnenhaltung (→ Seite 20/21).

ZOFF NICHT AUSGESCHLOSSEN

Kaninchen, die sich mögen, liegen gern dicht beieinander und putzen sich gegenseitig das Fell. Doch nicht immer herrscht in einer Kaninchensippe eitel Sonnenschein. Neben kleinen spielerischen Kabbeleien versuchen Kaninchen auch in einer bestehenden Gruppe gelegentlich, die Rangfolge neu zu klären. Leben die Tiere in einem großen Auslauf, kann der jeweils Verfolgte fliehen. Manches gewitzte Kaninchen versteckt sich und entzieht sich so erst einmal dem Blickfeld des Verfolgers. Häuschen und Verstecke sollten mehrere Ein- und Ausgänge haben. So kann ein in die Enge getriebenes Tier jederzeit flüchten, und der »Streit« eskaliert nicht unnötig.

Gut zu wissen

Kaninchen sind Tunnelbaumeister Dieses Verhalten liegt den Kaninchen im Blut. Mithilfe der Vorderpfoten graben sie ihren Bau in die Erde. Damit die Tiere auch im Gehege ihrer Leidenschaft frönen können, sollte ein Teil des Gehegebodens aus einer ungefähr 50 cm hohen Erdschicht bestehen (→ Rundum sicher und geschützt, Seite 40). Haben Sie nur ein Balkongehege, so bieten Sie beispielsweise eine Sandkiste zum Buddeln an.

Anatomie und Sinne

Kaninchen besitzen eine außergewöhnliche Anatomie, die ihnen hilft, in ihrer Umwelt zu überleben. Ihre Sinnesorgane, wie das feine Gehör und die großen Augen, ermöglichen es ihnen, Gefahren frühzeitig zu erkennen und ihre Umgebung optimal wahrzunehmen.

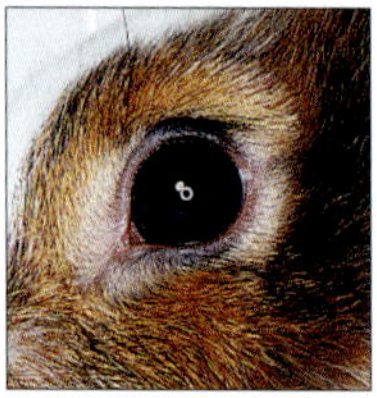

AUGEN

Ein Sehwinkel von 360 Grad ermöglicht dem Kaninchen, sein Umfeld rundum, auch nach oben, zu erkennen. Dazu kommt die Fähigkeit, bei schlechten Lichtverhältnissen gut zu sehen. So ist das Kaninchen in der Lage, seine Feinde rechtzeitig zu erkennen und zu fliehen.

OHREN

Wie Schalltrichter gebaut, können die Ohren jeweils unabhängig voneinander gedreht werden. Ohne den Kopf zu bewegen, erfasst das Kaninchen einen Hörraum von etwa 360 Grad. Mit seinem feinen Gehör reagiert das Tier äußerst empfindlich auf alle lauten Geräusche. Vor allem, wenn Geräusche plötzlich auftreten, ungewohnt und schrill (Greifvogelschrei) sind, geraten Kaninchen leicht in Panik. Anhaltender Lärm in ihrem Umfeld verursacht Dauerstress unter den Tieren.

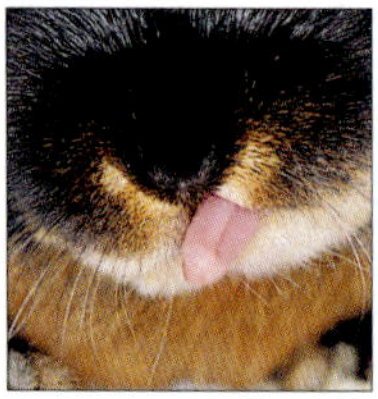

ZUNGE

In der Mund- und Rachenhöhle des Kaninchens befinden sich die Geschmacksknospen. Es kann zwischen süß, sauer, bitter und salzig unterscheiden. Saftiges Grün und aromatisches Heu schmecken besonders gut.

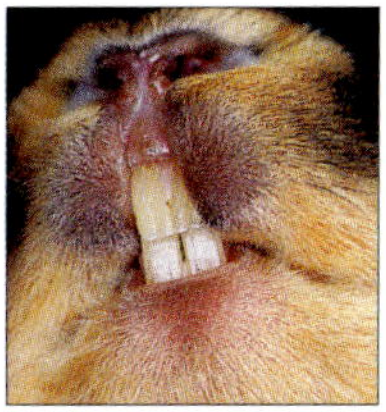

ZÄHNE

Um die 10 cm pro Jahr wachsen die Zähne des Kaninchens und werden nur durch intensives Nagen und Kauen abgenutzt. Daher brauchen die Tiere immer etwas zu knabbern.

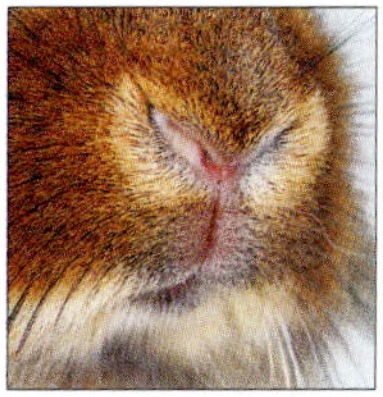

NASE

100 Millionen Riechzellen ermöglichen den Kaninchen, feinste Duftmoleküle aufzunehmen. Wir reden in Worten, sie »sprechen« per Duftbotschaften miteinander. Für Kaninchen ist es wichtig, auch ihr Revier zu markieren.

TASTHAARE

Sie befinden sich im Mund-Nasen-Bereich, über den Augen und an den Wangen. Mit ihrer Hilfe kann sich das Kaninchen z. B. gut in seinem unterirdischen Bau orientieren.

DAS EINMALEINS DER KANINCHENSPRACHE

Wer verstehen möchte, was das Kaninchen mit seiner Körpersprache sagen will, muss genau hinschauen. Bereits kleine Veränderungen der Ohr- oder Schwanzstellung drücken eine andere Gefühlslage aus.

AUSRUHEN & RELAXEN

Als Flucht- und Beutetier darf ein Wildkaninchen sein Umfeld nie völlig außer Acht lassen. Nur wenn es sich absolut geschützt fühlt, kann das Kaninchen komplett entspannen.

Hocken: Typische Ruhestellung, Ohren nach hinten gelegt, Atmung ruhig, Augen beginnen sich zu schließen.

Liegen mit ausgestreckten Hinterläufen: Das Kaninchen ruht sich aus, Kopf- und Ohrenstellung zeigen jedoch an: »Ich bleibe wachsam.« Senkt es seinen Kopf, legt die Ohren an und streckt sich in Seitenlage aus, fühlt es sich sicher und kann völlig relaxen.

LEBENSFREUDE & ÜBERMUT

Glückliche Kaninchen genießen ihr Dasein und können es auch ausdrücken.

Sich wälzen: Meine Kaninchen tun dies am liebsten in ihrer Buddelkiste, andere überall dort, wo sie sich so richtig (kaninchen)wohlfühlen.

Luftsprünge: Vor allem bei jungen Kaninchen kann man dies beobachten, wenn sie wie kleine Zicklein vor Übermut in die Luft springen. Auch die großen jagen herum, schlagen Haken und vollführen Luftsprünge, wenn sie z. B. morgens aus dem Stall gelassen werden.

UNSICHERHEIT & ANGST

Das Kaninchen hört plötzlich ein fremdes Geräusch, entdeckt etwas Unbekanntes, befindet sich in einer Umgebung, in der es sich nicht auskennt, oder begegnet einem Artgenossen, den es nicht kennt. Da heißt es: »Aufgepasst, es könnte etwas Bedrohliches passieren.«

Klopfen: Das Tier klopft mit den Hinterläufen, einmal oder mehrmals hintereinander, fest auf den Boden. Das hört sich wie Trommeln an. So warnen Wildkaninchen Artgenossen vor herannahender Gefahr. Tut Ihr Kaninchen dies, hat es sich erschreckt, hat Angst und fühlt sich bedroht.

Hinweis: Ist das Tier an der gefährlichen Trommelsucht erkrankt, klopft es ebenso, daher auch diese Krankheitsbezeichnung (→ Seite 83).

Flach auf den Boden drücken: Droht Gefahr, versucht das Kaninchen instinktiv, in ein Versteck

Im Moment keine Lust auf engeren Kontakt? Da muss das Widderchen nur einen kleinen Spurt einlegen – und weg ist es.

zu flüchten. Ist es dafür zu spät, drückt es sich fest auf den Boden, verharrt reglos und hofft, dass es nicht entdeckt wird (→ Foto, Seite 9). Hat das Kaninchen die Augen dabei weit aufgerissen und beben seine Flanken, befindet es sich in höchster Panik. Rennen Sie jetzt keinesfalls auf das Tier zu! Lassen Sie es erst zur Ruhe kommen. Dann gehen Sie langsam zu ihm, sprechen es beruhigend an und nehmen es eventuell sogar hoch.

Vorsichtig aufmerksame Körperhaltung: Vorderkörper und Kopf vorgestreckt, Ohren leicht nach vorn gerichtet, Schwänzchen abgeklappt (→ Foto, Seite 9 links).

Harnspritzen: Der potente Rammler markiert damit seine »Auserwählte«. Aber auch wenn Kaninchen sich aggressiv verfolgen, kann das flüchtende gestresste Tier Harn verspritzen (→ Seite 15).

SICH »LAUTLOS« VERSTEHEN

Kaninchen können auch ohne Laute durchaus mit uns kommunizieren. Sie zeigen dabei die gleichen Verhaltensweisen wie gegenüber ihren Artgenossen.

Sanft mit der Nase anstupsen: Typisches Begrüßungsritual unter Kaninchen nach dem Beschnuppern. Stupst Ihr kleiner Racker Sie so an, will er Ihre Aufmerksamkeit.

Ein energischer Stupser: Er bedeutet: »Weg da!« Bei Kaninchen untereinander kann dann schon mal ein »Knuffer« folgen. Stößt Mümmel Ihre Hand weg, möchte er nicht mehr gestreichelt werden.

Lecken: Kaninchen, die sich mögen, festigen durch das gegenseitige Sichputzen ihre Freundschaft. Dies wird auch als »grooming« bezeichnet. Leckt das Kaninchen Ihre Hand, dann heißt das: »Ich mag dich.«

»Das gehört mir!« Mit dem Kinn reibt dieses Kaninchen am Holz und markiert so die Gegenstände in seinem Auslaufgehege.

STARKER GESCHLECHTSTRIEB

In der Welt der Wildkaninchen steht die erfolgreiche Vermehrung zur Sicherung der Art an erster Stelle.

Aufreiten und Berammeln: Steigt der potente Rammler auf die brünstige Häsin, wird der Deckakt ausgeführt. Ist der Bock kastriert, reitet eine brünstige Häsin ebenfalls bei ihm auf, quasi als Aufforderung. In der Pärchenhaltung kann eine hochbrünstige Häsin das kastrierte Böckchen arg bedrängen.

Umkreisen: Dieses Verhalten gehört zum Paarungsritual der Männchen. Umkreist Mümmelmann Ihre Beine, umwirbt er Sie als »Ersatzpartnerin«. Auch ein Biss ins Hosenbein ist Bestandteil des Liebesrituals und keine Aggression.

Hinweis: Auch gleichgeschlechtliche Kaninchen besteigen sich. Wer oben aufsteigt, bekundet damit dem Artgenossen seinen höheren Rang. Dieses Verhalten bezeichnet man als sogenanntes Dominanzaufreiten.

»WUT IM BAUCH«

Wenn es bei den Kaninchen ernsthaft zur Sache geht, dann fliegen die Fetzen! Sie jagen sich wild hinterher, springen sich heftig an, beißen und kratzen einander mit den wehrhaften Hinterläufen. Auch so manch ein Kaninchenhalter bekam schon solch eine schmerzhafte Attacke zu spüren. Vorderkörper und Kopf sind sprungbereit vorgestreckt, dabei ist die Blume, der Schwanz, aufgestellt. Die Ohren sind angelegt, es folgt möglicherweise ein kurzer Knurr- oder Brummlaut: Achtung! Gehen Sie in Habachtstellung, denn jetzt wird's ernst: Der Angriff kann tatsächlich blitzschnell erfolgen.

MÄNNCHEN MACHEN

Stets wachsam bleiben ist für Mümmel & Co. überlebenswichtig. Erregt etwas seine Aufmerksamkeit, stellt sich das kleine Kaninchen auf seine Hinterbeine und macht Männchen. Dank dieser erhöhten Körperposition verschafft es sich einen besseren Rundumblick und kann außerdem Duftstoffe sowie Geräusche besser wahrnehmen (→ Foto rechts).

RUND UMS MARKIEREN

Kaninchen kommunizieren mithilfe von körpereigenen Duftstoffen, und sie haben ein ausgeprägtes Markierungsverhalten.

Kaninchen bevorzugen deckungsreiches Gelände, damit sie ihren Feinden nicht schutzlos ausgeliefert sind. Dass Paulchen mit seinem blau-weißen Fell weithin sichtbar leuchtet, das »weiß« er nicht.

Auf den Hinterbeinen aufgerichtet verschafft sich das Kaninchen einen besseren Überblick über seine Umgebung.

Mit dem Kinn an Gegenständen reiben: Mithilfe der dort sitzenden Drüse kennzeichnet das Kaninchen alles, was es als seinen Besitz betrachtet (→ Foto, Seite 13).

Markieren mit Urin und Kotpillen: Damit werden vor allem Reviergrenzen abgesteckt (→ Harnspritzen, Seite 13).

Hinweis: Der Farbton des Urins kann von weißgelblich bis rotorange schwanken. Dafür verantwortlich sind unterschiedliche Futterpflanzen und Duftstoffe aus den Leistendrüsen. Vorsicht bei blutig rotem Urin (→ Seite 85)!

KANINCHENS LAUTÄUSSERUNGEN

Wildkaninchen verhalten sich möglichst ruhig und leise, um keine Raubtiere anzulocken.

Brummeln: Mehrmals hintereinanderfolgende kehlige Brummlaute gibt ein Kaninchen von sich, das äußerst verärgert ist.

Kurzer fauchender Brummton: Gleichzeitig ausgestoßen mit der Angriffshaltung (→ »Wut im Bauch«, links) besagt dies unmissverständlich: »Kommst du näher, greife ich dich an!« Ursachen für solche Aggressionen gegenüber dem Menschen sind häufig Haltungsfehler.

Kehliger Brummton: Ihn gibt der Rammler oft kurz nach dem erfolgten Deckakt von sich.

Leises Fiepen: Dies hört man nur bei nestjungen Kaninchen, die hungrig oder in Not geraten sind und nach der Mutter rufen.

Schriller Schrei: Diesen Laut stößt ein Kaninchen nur in völliger Panik und Todesangst aus.

Leise Mahlgeräusche mit den Zähnen: Dabei ist der Körper entspannt. Das Tier fühlt sich wohl.

Zähneknirschen: Die Körperhaltung ist angespannt. Das Tier leidet unter starken Schmerzen! Bringen Sie es umgehend zum Tierarzt.

Quieken: Ein schrilles Quieken ist bei Kaninchen selten – und fast immer ein Alarmsignal. Es kann auf starke Angst, plötzlichen Stress oder Schmerzen hinweisen. Manchmal quiekt ein Kaninchen in Panik, etwa wenn es sich erschrickt, festgehalten wird oder in bedrohliche Situationen gerät.

Gut zu wissen

Die Sprache verstehen Auch wenn Kaninchen eher leise Tiere sind, gibt es typische Laute, mit denen sie sich ausdrücken – besonders in emotional aufgeladenen Situationen. Viele dieser Geräusche deuten auf Stress oder Unbehagen hin, einige auch auf Freude. Nur wenn wir diese Laute richtig deuten, können wir erkennen, wie es dem Tier geht, und entsprechend reagieren.

Sind Kaninchen die richtigen Tiere für mich?

Die bewegungsfreudigen Kaninchen stellen besondere Ansprüche an ihre Halter, die über Futter und Pflege hinausgehen. Nur wenn die folgenden Aussagen auf Sie zutreffen, sind die hoppelnden Fellnasen die richtigen Haustiere für Sie.

1. ARTGENOSSEN

Ich weiß, das ein Kaninchen allein niemals glücklich leben kann. Aber ich habe genug Platz zur Verfügung, sodass ich mir gut zwei oder drei Tiere anschaffen kann. Der höhere Pflegeaufwand für mehrere Kaninchen macht mir nichts aus.

2. LEBENSERWARTUNG

Ich bin darauf vorbereitet, dass meine Kaninchen mehr als zehn Jahre alt werden können. Doch es besteht kein Grund zur Sorge. Auch in ein paar Jahren werde ich mich noch zuverlässig um meine Fellnasen kümmern.

3. »KANINISCH« SPRECHEN

Damit ich die Verhaltensweisen und die Bedürfnisse meiner neuen Familienmitglieder verstehe, freue ich mich schon daruf, »Kaninisch« zu lernen. Sie zu beobachten ist mir eine besondere Freude.

4. GROSSZÜGIGE BEHAUSUNG

Mir ist bewusst, dass Kaninchen sehr bewegungsfreudig und neugierig sind – ihr Gehege darf also nicht zu klein sein. Wir haben uns in der Familie abgesprochen und freuen uns darauf, einen Teil unseres Gartens bzw. den gesamten Balkon unseren vierbeinigen Lieblingen zur Verfügung zu stellen.

5. ARTGERECHTE AUSSTATTUNG

Es macht mir großen Spaß, meinen Lieblingen ein interessant ausgestattetes Freilaufgehege einzurichten. Ich weiß, dass sie viel Abwechslung brauchen, damit keine Langeweile aufkommt. Das ist aber kein Problem, denn ich lasse mir gern immer wieder schöne neue Gestaltungsideen einfallen.

6. LÖCHER IM GARTEN

Natürlich weiß ich, dass Kaninchen leidenschaftlich gern buddeln und dies mit Sicherheit auch in ihrem Freigehege in unserem Garten tun werden. Aber es macht mir nichts aus, wenn sie den Garten umgraben. Ich kann damit gut leben.

Fazit

Vor der Anschaffung ist es wichtig, sich gründlich über die richtige Haltung und die erforderliche Gehegeausstattung zu informieren. Nur so wird den Kaninchen ein artgerechtes und glückliches Leben ermöglicht.

Willkommen zu Hause

Der Moment, in dem Sie sich entscheiden, Kaninchen in Ihrem Zuhause aufzunehmen, ist ein ganz besonderer – nämlich der Beginn einer wunderbaren Freundschaft, die viel Liebe, Pflege und Aufmerksamkeit erfordert.

SO FÜHLEN SICH KANINCHEN WOHL

Bevor Ihre neuen hoppelnden Mitbewohner bei Ihnen einziehen, gibt es einiges zu bedenken. Die Wahl der richtigen Kaninchen ist entscheidend, um eine harmonische und artgerechte Haltung zu gewährleisten. Schließlich möchten Sie nicht nur schön anzusehende Gefährten, sondern auch zufriedene, gesunde Tiere, die sich bei Ihnen rundum wohlfühlen.
Auf den folgenden Seiten erfahren Sie alles Wissenswerte über die richtige Auswahl, passende Artgenossen und wie Sie eine gute Grundlage für das Zusammenleben schaffen können. So stellen Sie sicher, dass Ihre Kaninchen nicht nur ein neues Zuhause finden, sondern auch eine glückliche und gesunde Zukunft haben.

DIE RICHTIGE WAHL

Wenn Sie Ihre Traumkaninchen noch nicht gefunden haben, gebe ich Ihnen hier noch einige wichtige Tipps für die richtige Auswahl der Tiere.

Abgabealter: Erst mit etwa zehn bis zwölf Wochen sind Kaninchenkinder von ihrer Entwicklung her so weit, dass sie in ihr neues Zuhause umziehen können. Wer Jungtiere mit vier Wochen abgibt oder kauft, handelt unverantwortlich. Nicht selten sterben diese armen Kleinen kurze Zeit nach dem Platzwechsel oder kränkeln vor sich hin.

WER PASST ZU WEM?

Kaninchen brauchen als Heimtiere zumindest einen Artgenossen. Einzelhaltung ist nicht artgerecht (→ Seite 7). Wenn Sie sich für erwachsene Kaninchen entscheiden, wählen Sie am besten zwei, die bereits Freundschaft miteinander geschlossen haben (→ Seite 20/21). Kaninchenkinder können Sie in der Regel bis zur Geschlechtsreife problemlos aneinander gewöhnen.
Zumeist stressfrei verläuft auch der Umzug in ein neues Zuhause bei zwei Wurfgeschwistern oder zwei Kaninchen aus einer bestehenden Gemeinschaft. Solche Kleingruppen finden Sie häufig im Zoofachhandel.

Ein Pärchen: Diese Kombination ist in der Regel ideal. Doch Vorsicht, Kaninchen werden innerhalb von nur wenigen Monaten geschlechtsreif, und ehe Sie sich versehen, stellt sich Nachwuchs ein. Bringen Sie den Rammler daher frühzeitig zum Tierarzt, der dann je nach Entwicklungsstand des Tieres den Zeitpunkt für die Kastration des Männchens festlegt. Bei Zwergkaninchen sollte man dies im Alter von 10 bis 12 Wochen tun, bei den großen Rassen mit 14 bis 16 Wochen. Man vermeidet durch frühzeitiges Kastrieren nicht nur ungewollten Nachwuchs, sondern der Rammler kann danach auch gleich wieder zu seiner Partnerin gesellt werden.

Zwei Böcke: Sie leben als Jungtiere harmonisch miteinander. Mit einsetzender Geschlechtsreife beginnen sie jedoch, heftig um Revier und Rangordnung zu kämpfen. Lassen Sie beide Rammler frühzeitig kastrieren, alles andere ist Tierquälerei und kann vor allem in begrenzten Gehegen blutig enden. Ich habe schon häufig zwei Rammler zusammen gehalten, die frühzeitig kastriert wurden und sich prima verstanden. In anderen Haltungen klappt dies ebenso, in manchen kommt es trotzdem zum Streit.

Zwei Häsinnen: In der Brunst können sie aggressiv zueinander sein. Sie verteidigen als »zukünftige Mütter« dann oft heftig ihr Revier und ihren

Blick in den geschützten Stallbereich eines Außengeheges. Die große gefüllte Heuraufe sorgt für eine gesunde Ernährung und auch für Beschäftigung.

Rang gegenüber der Rivalin. Folglich ist eine reine Weibchenhaltung nicht empfehlenswert.
Gruppe: In einem geräumigen Außengehege bietet es sich an, eine kleine Gruppe aufzunehmen. Eine gute Kombination sind zwei Pärchen oder zwei Weibchen mit einem kastrierten Bock. Da aber Kaninchen unterschiedliche Persönlichkeiten entwickeln, gilt es, diese mit zu berücksichtigen (→ Seite 86–89).

ZUTRAULICH UND WESENSFEST

Die meisten Halter wünschen sich Kaninchen, die schnell Vertrauen zu ihrem Menschen fassen und sich ohne größere Komplikationen eingewöhnen.
Elterntiere: Der Nachwuchs bekommt Wesensmerkmale von Vater, Mutter und den Großeltern vererbt. Auch das Verhalten der Häsin während der Aufzucht hat Einfluss auf ihre Jungen. Stammen die Kleinen aus einer Linie zutraulicher und wesensfester Kaninchen, stehen die Chancen gut, dass die Jungen sich ebenso entwickeln.
Prägungsphase: Nur wenn die Kleinen bis zu ihrer Abgabe täglich einen liebevollen Umgang durch Menschen kennenlernen, werden sie schnell handzahm. Diese wichtige soziale Prägungsphase bis zur achten Lebenswoche kann nicht nachgeholt werden! Kaninchen aus schlechter Aufzucht brauchen viel Zeit, bis sie Vertrauen zu Menschen entwickeln. Manche bleiben ihr ganzes Leben lang unsicher und scheu.
Beim Kauf: Informieren Sie sich am besten selbst vor Ort, wie die Kaninchen aufgezogen wurden – sei es bei einem Rassekaninchenzüchter des ZDRK (→ Seite 92) oder bei einem »Hobbyzüchter«. Im Zoofachhandel sollten Sie nachfragen, woher die angebotenen Kaninchenkinder stammen. Finger weg von Tieren aus den großen »Vermehrfabriken«!

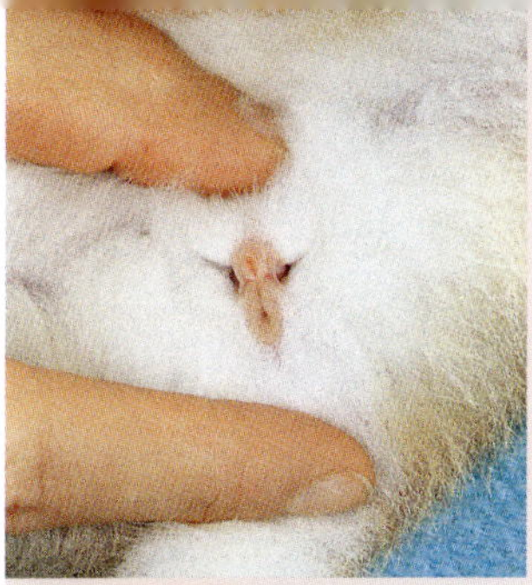

Bei der acht Wochen alten Häsin erkennt man unten zum Schwanz hin die Afteröffnung, darüber ist deutlich die schlitzförmige Vagina zu sehen.

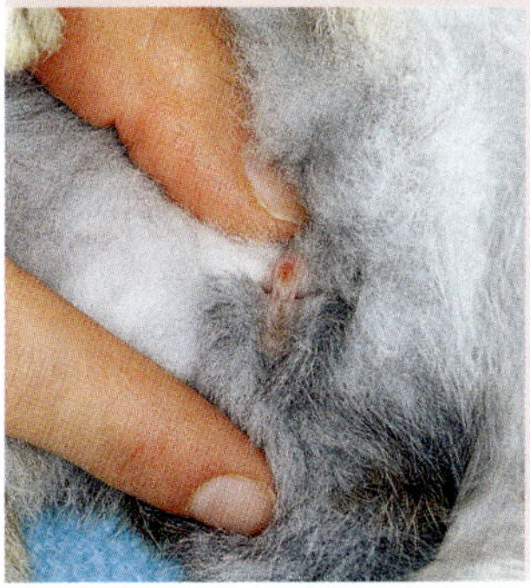

Beim gleich alten Rammler ebenfalls unten die Afteröffnung und darüber die punktförmige Geschlechtsöffnung. Der kleine Penis ist kaum erkennbar.

AUGEN AUF BEIM KAUF

Bei der Auswahl Ihrer Kaninchen ist es entscheidend, auf eine gepflegte Haltung zu achten – unabhängig davon, wo Sie das Tier erwerben. Die Umgebung sollte sauber sein und ausreichend Platz bieten. Außerdem sollten die Tiere gesundes Futter erhalten. Lassen Sie sich die Kaninchen, die in die engere Wahl kommen, zeigen und nehmen Sie sich die Zeit, sie genau zu beobachten. Ein gesundes Kaninchen erkennen Sie an seinem glänzenden Fell, das keine Kahlstellen aufweist, an klaren Augen, sauberen Ohren ohne Beläge, einer trockenen Nase und einem sauberen Afterbereich. Achten Sie zudem darauf, dass kein anderes Tier in der Gruppe Krankheitssymptome zeigt, da auch scheinbar gesunde Kaninchen bereits Träger von Krankheiten oder Parasiten sein können. Vergessen Sie nicht, auch das Gebiss zu überprüfen, da Zahnerkrankungen häufig auftreten können.

Jung oder alt?

Die Wahl für jüngere oder ältere Kaninchen hängt auch von der Bereitschaft ab, sich auf die Bedürfnisse der Tiere einzustellen. Hier ein Überblick über die wichtigsten Vorteile und Herausforderungen beider Optionen.

JUNGE TIERE

1. IMMUNSYSTEM

Haben ein stabileres Immunsystem, sodass die Gefahr, krank zu werden, nicht so hoch ist.

2. ALTER

Haben eine längere Lebenszeit vor sich. Vor allem für Kinder ist das von Vorteil, da nicht schon bald der Abschied vom geliebten Tier droht.

3. ANPASSUNGSFÄHIGKEIT

Sind in der Regel flexibler und können sich leichter an die neue Umgebung und den Umgang mit den für sie anfangs fremden Menschen gewöhnen.

4. HORMONE

Bei Jungtieren muss man auf die Geschlechtsreife und damit verbundene Verhaltensänderungen (z. B. Markieren) achten, wenn sie nicht kastriert sind.

5. PERSÖNLICHKEIT

Haben ihre Persönlichkeit noch nicht vollständig entwickelt. Es kann schwer vorhersehbar sein, ob sie später scheu, dominant oder sehr zutraulich werden

6. AUFWAND

Brauchen anfangs viel Betreuung, Zeit und Geduld hinsichtlich Eingewöhnung und eventuell auch für das Erlernen von Kuscheln und Spielverhalten.

ÄLTERE TIERE

1. CHARAKTER

Haben bereits eine ausgeprägte, stabile Persönlichkeit, die es leichter macht, ihre Bedürfnisse und Verhaltensweisen besser einzuschätzen.

2. AUFWAND

Sind oft schon sozialisiert und kennen grundlegende Verhaltensweisen, was den Aufwand bei der Eingewöhnung verringern kann.

3. GELASSENHEIT

Verhalten sich in der Regel ruhiger und weniger verspielt als junge Kaninchen, was für ruhigere Haushalte von Vorteil sein kann.

4. ALTER

Je nachdem, welches Alter sie bereits erreicht haben, leben sie nicht mehr so lange wie jüngere Kaninchen.

5. EINGEWÖHNUNG

Haben möglicherweise negative Erfahrungen mit früheren Haltern gemacht und sind schwerer an das neue Umfeld zu gewöhnen.

6. GESUNDHEIT

Sind anfälliger für gesundheitliche Probleme und benötigen daher häufiger intensivere Pflege und tierärztliche Betreuung.

Fazit

Ob jung oder alt – jedes Kaninchen hat seinen eigenen Charme und seine besonderen Bedürfnisse. Wie auch immer Sie sich entscheiden, letztlich hängt die Wahl des Tieres von Ihrer Lebenssituation, den verfügbaren Ressourcen und der Art der Beziehung ab, die Sie zu Ihrem neuen Familienmitglied aufbauen möchten.

DER UMZUG INS NEUE HEIM

Endlich ist es so weit. Sie können Ihre Kaninchen zu sich nach Hause holen. Dort sollte selbstverständlich schon alles für deren Empfang vorbereitet sein.

DER HEIMTRANSPORT

Kaninchen fahren erstens nicht gern Auto und fühlen sich zweitens verunsichert, wenn sie aus ihrem vertrauten Umfeld gerissen werden.

- → Fahren Sie auf dem kürzesten Weg heim.
- → Sicher und gut aufgehoben sind die Kaninchen in einer sogenannten Kleintierbox, erhältlich im Zoofachhandel. Die Box können Sie später auch für den Transport zum Tierarzt verwenden.
- → Geben Sie etwas Stalleinstreu aus dem alten Zuhause mit in die Box hinein. Der vertraute Geruch beruhigt die Tiere.
- → Transportieren Sie die Kaninchen im Hochsommer in einem klimatisierten Auto oder verlegen Sie den Transport auf die kühleren Abendstunden, sonst droht die Gefahr eines Hitzschlags bei den Tieren!

Gut zu wissen

Leicht bekömmliche Kost Ein Platzwechsel verursacht bei den Kaninchen Stress, der das Immunsystem schwächt. Füttern Sie daher in den ersten Tagen neben Kräuterheu ein wenig Petersilie, Fenchel, Karotte und Apfel. Sind die Tiere keine Frischkost gewohnt, reichen Sie das vertraute Fertigfutter und ersetzen es nach und nach (→ Seite 73).

KLIMAWECHSEL

Wenn im Spätfrühling auch nachts die Temperaturen draußen nicht unter 15 Grad sinken, dürfen die kleinen Racker sogleich ihr Balkon- oder Gartengehege beziehen. Doch was tun, wenn es draußen noch zu kalt ist und die Neuankömmlinge aus einer Wohnungshaltung stammen? Keinesfalls darf man solche Kaninchen im Winter einfach raussetzen. Diese Tiere haben kein warmes Winterfell gebildet und würden sich draußen – auch im geschützten, gut eingestreuten Winterstall – erkälten.

Umstellung im Winter: Zum Jahreswechsel nahm ich Moni und Maxi, zwei Tierheimkaninchen, auf und machte sie innerhalb von drei Monaten fit für die winterliche Außenhaltung. In dieser Zeit wurden sie auch vorsorglich gegen Myxomatose und RHD geimpft (→ Seite 81).

1. Phase: Moni und Maxi lebten zunächst in einem geheizten Raum – wie gewohnt. Innerhalb von vier Wochen drehte ich den Heizkörper nach und nach immer weiter herunter, bis ich ihn schließlich ganz ausstellte.

2. Phase: Nun zogen Moni und Maxi in ein Auslaufgehege auf meinen nicht isolierten Speicher. Hier herrschen im Winter annähernd Außentemperaturen. Nach etwa zwei weiteren Monaten hatten sich die beiden Kaninchen einen solch dichten Winterpelz zugelegt, dass sie ins winterliche Außengehege zu zwei weiteren Artgenossen umziehen konnten.

DIE ERSTEN TAGE

Lassen Sie den Kaninchen Zeit, ihr neues Umfeld in ihrem eigenen Rhythmus zu entdecken. Ich stelle stets meine große Transportbox mit den

Neuankömmlingen in den Auslauf, öffne dann die Tür und warte ab. Die Vorwitzigen unter den Fellnasen trauen sich zuerst heraus, die Schüchternen brauchen etwas mehr Zeit. Die Transportbox gibt den Kaninchen ein Gefühl von Geborgenheit und ist ein bereits vertrauter Rückzugsort für sie, vergleichbar mit dem Bau der Wildkaninchen.

Eine andere Empfehlung: Setzen Sie die Kaninchen zuerst in den Stall, damit sie diesen als ihre »Höhle« in aller Ruhe in Besitz nehmen können. Wenn ein Tier anfängt, sich zu putzen – das machen Kaninchen nur dort, wo sie sich sicher fühlen –, oder beginnt, etwas zu fressen, dann ist der erste Schock überwunden. Öffnen Sie nun die Stalltür und lassen Sie die Kaninchen ihr weiteres Revier auf dem Balkon oder im Außengehege entdecken.

Hinweis: Ein Kaninchen, das Sie ohne diese behutsame Eingewöhnung einfach irgendwo mitten ins Gehege setzen, wäre aufgrund der vielen neuen Eindrücke überfordert. Es flüchtet wahrscheinlich eingeschüchtert ins nächste Versteck und braucht insgesamt sehr viel mehr Zeit, bis es sich in seinem neuen Zuhause sicher und geborgen fühlt.

Gleich zusammen mit einem befreundeten Artgenossen ins neue Zuhause einziehen, das behagt dem geselligen Kaninchen. Miteinander kuscheln, im Sand des Geheges buddeln, sich darin wohlig herumwälzen – so fühlen sich die Fellnasen rundum wohl.

KANINCHENRASSEN IM PORTRÄT

Die Kaninchenrassen, die wir heute im deutschsprachigen Raum kennen, sind das Ergebnis einer beeindruckenden züchterischen Vielfalt. Über viele Generationen hinweg wurden sie vom Menschen gezielt auf bestimmte Merkmale hin selektiert: Körpergröße, Fellstruktur, Farben und Zeichnungen, aber auch auf Wesen, Temperament und Verhalten. Ursprünglich ging es dabei oft um die Nutzung – als Fleisch- oder Pelzlieferant. Doch heute stehen bei vielen Rassen vor allem ihr Wesen, ihre Zutraulichkeit und ihr attraktives Äußeres im Vordergrund.

ERSTAUNLICHE VIELFALT

Allein in Deutschland erkennt der Zentralverband Deutscher Rasse-Kaninchenzüchter (ZDRK) rund 90 Rassen mit weit über 300 anerkannten Farbschlägen an – eine Vielfalt, die Laien vielleicht zunächst überrascht. Vom eleganten Hasenkaninchen bis zum kompakten Zwergwidder mit Hängeohren: Die Bandbreite ist groß. Manche Rassen sind mittelgroß und robust, andere eher klein und zierlich oder besitzen ein auffallend seidiges oder samtiges Fell. Auch ausgefallene Muster wie beim Holländerkaninchen oder intensive Farbtöne wie beim Sachsengold faszinieren nicht nur Züchter, sondern auch Tierfreunde.

UNTERSCHIEDLICHE STÄRKEN

Doch welche Rasse passt zu mir – und zu meiner Haltungsform? Diese Frage stellen sich viele Einsteiger zu Recht. Denn nicht jede Rasse eignet sich gleichermaßen für die private Heimtierhaltung. Einige Kaninchenrassen sind durch jahrzehntelange Ausstellungszucht besonders anspruchsvoll, sensibel oder bewegungsintensiv, andere hingegen gelten als besonders anpassungsfähig, freundlich und pflegeleicht. Große Rassen benötigen entsprechend viel Platz, während kleine, lebhafte Tiere besonders viel Beschäftigung und Struktur im Gehege brauchen. Bei der Auswahl sollte man immer berücksichtigen: Ein Kaninchen ist kein Spielzeug oder Schmuckstück, sondern ein fühlendes Lebewesen mit individuellen Bedürfnissen und Charaktereigenschaften.

Die folgenden Seiten geben einen ersten Einblick in die Vielfalt der Kaninchenwelt. Vorgestellt werden einige typische Vertreter – mit ihren Besonderheiten, ihrer Geschichte und ihren Stärken als Heimtier. Natürlich ist diese Auswahl nicht vollständig, doch sie vermittelt ein gutes Gespür für die Unterschiede – und vielleicht entdecken Sie ja schon auf diesen Seiten Ihren ganz persönlichen Favoriten.

Gut zu wissen

Blick in die Geschichte Die gezielte Zucht von Kaninchen begann im 6. Jahrhundert in französischen Klöstern. Damals hielten Mönche Wildkaninchen in Gehegen, um eine zuverlässige Nahrungsquelle zu sichern. Durch Auswahl der zahmsten Tiere legten sie den Grundstein für die Domestizierung. Ab dem 15. Jahrhundert entstanden in Frankreich und England die ersten spezifischen Kaninchenrassen mit unterschiedlichen Fellfarben und Größen. Diese Entwicklung führte zur Vielfalt der heutigen Rassen – auch in Deutschland.

KLEINCHINCHILLA *(etwa 2 bis 3 kg):*
Diese mittelgroße Rasse zeichnet sich durch ihr dichtes, silbergraues Fell aus, das an die Fellfarbe des Chinchillas erinnert. Sie ist für ihr ruhiges Wesen und ihre Anpassungsfähigkeit bekannt.

CASTOR REX *(2,5 bis 4,5 kg):*
Das Fell dieser Kurzhaarrasse fühlt sich wie Samt an. Infolge der Kurzhaarigkeit treten bei allen Rexkaninchen die einzelnen Körpermerkmale schärfer in Erscheinung.

DEILENAAR *(2,75 bis 3,25 kg):*
Dieses Kaninchen zählt zu den kleinen Rassen. Sein Fell ist rotbraun mit leichter Schattierung. Kinn und Bauch sind lohfarbig. Ein »knuffiges« Kaninchen mit sehr ausgeglichenem Temperament.

SACHSENGOLD *(etwa 2 bis 3,5 kg):*
Ein kompaktes, eher gedrungenes Kaninchen mit intensiv leuchtend roter Fellfarbe. Es zeichnet sich durch ein ruhiges und freundliches Wesen aus, was es zu einem beliebten Heimtier macht.

HASENKANINCHEN *(etwa 2,5 bis 4 kg):*
Es ähnelt im Körperbau und in der Fellzeichnung zwar dem Feldhasen, ist aber ein »echtes« Kaninchen. Eine elegante und lebhafte Rasse.

LOHKANINCHEN *(2,5 bis 3,25 kg):*
Hier ein Blauloh. Weitere Farbschläge sind der Schwarz- bzw. der Braunloh. Lohkaninchen gehören zu den beliebtesten Rassen.

STALLKANINCHEN *(variabel):*
Sein Name ist Maximo, Herkunft unbekannt, Größe und Färbung variabel. Stellvertretend für all die großen Sanften ohne Adel.

ZWERGWIDDER *(1 bis 2 kg):*
Ein hängeohriger Vertreter unter den Rassekaninchen. Farbschläge wie bei den Farbenzwergen. Hier: thüringer-weiß gescheckt.

HOLLÄNDERKANINCHEN *(2,5 bis 3,25 kg):*
Ein Kaninchen mit außergewöhnlichem Fellmuster und schlankem, sportlichem Körperbau. Die Holländer gelten als besonders freundlich, sie haben ein ausgeglichenes, ruhiges Wesen.

Mit Vergnügen draußen

Die ideale Haltungsform für Kaninchen ist die Außenhaltung. Um ihre Bedürfnisse gefahrlos ausleben zu können, brauchen die Tiere eine artgerechte Unterbringung. Lassen Sie sich inspirieren ...

CHRISTINES FREIGEHEGE

Auf dem Foto links sehen Sie die gesamte Anlage, bestehend aus dem fest installierten Freigehege und dem zusätzlichen versetzbaren Auslauf auf der Wiese. Ein wunderschönes Zuhause, in dem vier Kaninchen (drei kastrierte Böcke, eine Häsin) ganzjährig draußen leben können und sowohl freie sonnige Flächen als auch beschattete Versteckmöglichkeiten in verschiedenen Varianten vorfinden.

FEST INSTALLIERT

Mit einer Grundfläche von 3 × 2 m integriert sich das Gehege harmonisch in den kleinen Reihenhausgarten. Die geräumige zweistöckige Stallanlage erhöht den Bewegungsraum auf über 7 m^2 Gesamtfläche. Für den Bau wurde unbehandeltes Naturholz in Verbindung mit 1,45 mm starkem Volierendraht (Maschenweite: 19 × 19 mm) verwendet. Das Gehege ist begehbar, wodurch alle anfallenden Arbeiten enorm erleichtert werden. Die komplette Überdachung schützt vor Regen sowie Schnee und verhindert, dass der Erdboden zuschlammt. Aufgrund der luftigen, offenen Bauweise entsteht im Sommer kein Hitzestau. An den vertikalen Holzpfosten wurden von außen Querleisten angeschraubt. Hier schiebt man im Winter 100 cm hohe Acrylplatten zwischen Leisten und Volierendraht (Schrauben nicht ganz anziehen!). Diese schützen vor allzu eisiger Zugluft.

MOBILE LÖSUNG

Die Gitterelemente aus dem Zoofachhandel sind minutenschnell aufgestellt und genauso bequem wieder wegzuräumen, z. B. zum Rasenmähen. Je nach Anzahl der eingesetzten Gitterelemente entsteht so ein zusätzlicher Auslauf zwischen 10 und 20 m^2. Die Innengestaltung: ein »Dach« aus Weidenzweigen, ausgehöhlte Baumstämme, ein Unterschlupf aus vier Dachpfannen, eine Baumwurzel, Holzstücke mit Rinde, Korkstücke und ein Körbchen mit leckerem Kräuterheu.

Hinweis: Die Tiere dürfen hier nur unter Aufsicht laufen!

ÜBERLEGUNGEN ZU PLANUNG UND BAU

Wenn Sie planen, Ihre Kaninchen ganzjährig draußen zu halten, sollten Sie einige Grundregeln beachten. Diese resultieren aus langjähriger Praxiserfahrung vieler Kaninchenhalter und helfen Ihnen, einige typische Anfängerfehler von vornherein zu vermeiden.

GENEHMIGUNG EINHOLEN

Ein geräumiges und abgesichertes Außengehege ist eine bauliche Maßnahme, die darüber hinaus Eingriffe in den Garten, wie beispielsweise einen Erdaushub, erfordert. Holen Sie sich vor Baubeginn das schriftliche Einverständnis Ihres Vermieters ein. Ab einer gewissen Größe ist es auch als Haus- und Grundbesitzer ratsam, die zuständige Gemeinde über Ihr Bauvorhaben zu informieren. Die Bestimmungen sind nämlich recht unterschiedlich. Und noch ein weiterer guter Tipp: Wenn Sie das Freigehege so gestalten, dass Sie es bei einem späteren Umzug relativ einfach zerlegen und wieder aufbauen können, so spart dies viel Zeit und Geld!

Gut zu wissen

Platzbedarf eines Kaninchens Die Mindestgrundfläche beträgt pro Kaninchen 2 bis 3 m^2 Wenn Sie die Anlage von vornherein etwas großzügiger planen, werden sich Mümmel & Co. freuen. Mithilfe von Etagenställen schaffen Sie Bewegungsraum nach oben, ohne mehr Fläche zu benötigen. Und für die Fitness Ihrer Kaninchen sorgen beispielsweise erhöhte Aussichtsplätze und Kletterstege.

DER RICHTIGE STANDORT

Alle Kaninchen sind sehr hitzeempfindlich und vertragen, wenn sie ganzjährig draußen leben, eher Kälte, Schnee und auch einmal einen Regenguss als pralle Sonne und hohe Temperaturen. Beziehen Sie bei der Platzwahl des Geheges natürliche Schattenspender in Ihrem Garten mit ein, wie etwa Bäume, Büsche und Hecken. Denken Sie auch an Ihre eigene Bequemlichkeit. Ein Freigehege, nahe am Haus gelegen, erspart Ihnen allzu lange Wege bei Regen, Schnee und Matschwetter. Auch gute Einsehbarkeit vom Haus aus ist wichtig, vor allem wenn die Kaninchen in einem nicht komplett gesicherten Zusatzauslauf unterwegs sind. Achten Sie zudem darauf, dass das Gehege gut belüftet ist, um einen möglichen Hitzestau im Sommer zu vermeiden.

PFLEGEFREUNDLICH BAUEN

Zweimal täglich füttern, regelmäßig Stall misten und Gehege säubern gehören mit zu einer verantwortungsbewussten Kaninchenhaltung. Wollen Sie dies ohne akrobatische Verrenkungen und Rückenschmerzen erledigen, sollte das Gehege in aufrechter Haltung begehbar sein. Ob man ein Außengehege am besten komplett wetterfest überdacht, nur teilweise oder oben nur mit Volierendraht absichert, darüber gehen die Meinungen auseinander.
Ein guter Wetterschutz von oben jedoch hält Boden, Inventar und Sie selbst bei Dauerregen und Schnee trocken. So kann auch der natürliche Untergrund aus Erde bestehen, ohne dass er verschlammt. Trockene Erde tritt sich schnell fest, und Köttelchen sowie Einstreu können Sie mithilfe eines Rechens entfernen.

STALLANLAGE Sie wurde höhenmäßig dem abgeschrägten Gehegedach angepasst. Links 1,50 m, rechts 1,65 m hoch. Mit einer Gesamtlänge von 2 m und einer Tiefe von 0,80 cm pro Etage entstand eine Bewegungsfläche von 3,2 m^2. In der Stallbucht (rechts oben) erhielten die Kaninchen zusätzlich mittels Holzbrett ein erhöhtes Aussichts- und Ruheplätzchen. Über mehrstufige Etagen gelangen die Tiere von oben nach unten, über Durchschlupflöcher in alle Stallbereiche.

KNABBERSPASS Lassen Sie Ihre Kaninchen einen Teil ihres Futters selbst erarbeiten. Erhöht angebrachte Zweige (hier Haselnuss) regen Widderchen Luzy dazu an, ein wenig Fitness zu betreiben. Ein »Dach« aus verflochtenen unbehandelten Weidenzweigen bietet den Kaninchen im Sommer einen luftigen, schattigen Ruheplatz. Das Beste: Er darf auch noch beknabbert werden.

INNENEINRICHTUNG Im überdachten Außengehege: eine Plastikschale, gefüllt mit Heu oder Stroh, Holzstege, erhöht auf Baumstämmen, sowie weitere Häuschen zum Unterschlüpfen.

RUNDUM SICHER UND GESCHÜTZT

Immer wieder erfahre ich vom Schicksal draußen gehaltener Kaninchen, die auf tragische Weise ums Leben kamen, weil das Gehege nicht gründlich genug gesichert wurde. Deshalb nochmals mein Appell: Damit die Kaninchen gefahrlos im Außengehege leben können, muss es rundum sicher sein. So können Mümmel & Co. ihrerseits nicht ausbrechen und sind vor Feinden wie Mardern, Füchsen, Hunden, Katzen oder Greifvögeln geschützt. Es soll auch schon vorgekommen sein, dass Kaninchen gestohlen wurden!

Volierendraht: Er ist punktverschweißt, verzinkt oder aus Edelstahl und hat sich in puncto Sicherheit und Haltbarkeit am besten bewährt. Man kann den Draht in Rollen (25 m) oder meterweise kaufen. Die jeweilige Maschenweite ist abhängig von der Drahtstärke. Ich empfehle Ihnen das Maß 16 × 16 mm, 1,2 mm oder 19 × 19 mm, 1,45 mm.

Hinweis: Kunststoffummanteltes Drahtgeflecht ist ungeeignet, weil es angeknabbert wird, ebenso eine Drahtstärke unter 1 mm.

Gut zu wissen

Extratipps zum Bau Stützpfeiler des Geheges (70 × 70 mm Vierkanthölzer), die in die Erde versenkt werden, verrotten. Setzt man diese in sogenannte Einschlagbodenhülsen, ist das Holz geschützt, und der Sporn erleichtert zusätzlich das Einschlagen ins Erdreich. Eine flache Gehegeüberdachung kann durch Schnee und Laub sehr belastet werden, und Regen fließt nicht gut ab. Besser ist ein schräg abfallendes Dach oder gleich die Variante Pyramidengehege.

Buddeln ja, ausbrechen nein! Gehen Sie nicht davon aus, dass Ihre Kaninchen keine Tunnel graben, sonst könnten Sie eines Tages vielleicht eine Überraschung erleben: Das Gehege ist leer, weil die Kleinen ausgebüxt sind oder sich ein Raubtier von draußen durchgegraben hat. Wie sichert man das Gehege entsprechend ab?

- Erdaushub mit Drahtgeflecht: Das Erdreich wird etwa 50 bis 60 cm ausgehoben. Auf den Boden legt man ein Drahtgeflecht, das am Rand hochgezogen und rundum mit den Gehegeelementen lückenlos verbunden wird. Danach den ausgeschachteten Boden wieder mit Erde auffüllen. Das Drahtgeflecht muss rostbeständig sein, außerdem darf die Maschenweite nicht größer als 40 × 40 mm sein, sonst können die Kaninchen beim Buddeln darin hängen bleiben und sich verletzen!
- Erdaushub mit Betonplatten: Statt des Drahtgeflechts können Sie den Boden auch mit Betonplatten auslegen. Den Volierendraht verlegen Sie in diesem Fall von außen etwa 40 cm weit von allen Seiten unter die schweren Betonplatten, und danach füllen Sie alles wieder mit Erde auf.
- Terrassenplatten: Manchmal ist ein Erdaushub im Garten kaum durchführbar, wenn beispielsweise das Erdreich von großen Bäumen zu stark durchwurzelt ist. Für diesen Fall können Sie das gesamte Gehege mit Terrassenplatten auslegen, wobei auch hier der Volierendraht von außen rundum etwa 30 bis 40 cm unter die Platten gezogen werden muss. Bei dieser Lösung sollte man den Kaninchen jedoch unbedingt eine Buddelmöglichkeit anbieten, z. B. eine mit Erde oder Sand gefüllte Kiste.

BODEN UND EINSTREU

Am frischen Grün knabbern und auf der Wiese hoppeln, welches Kaninchen mag das nicht? In einem fest installierten Gehege ist Gras jedoch der Dauernutzung durch die Tiere nicht gewachsen und zudem schlecht zu reinigen. Im überdachten Bereich kann die ausgehobene Erde wieder aufgeschüttet werden. Verwenden Sie aber bitte keine gedüngte Blumenerde! Preisgünstig und unbedenklich für Kaninchen ist Spielkastensand. Gut geeignet sind auch grobe Buchenspäne (Heimtierbedarf) und Weichholzgranulat (Pferdeeinstreu). Beide Produkte durchlaufen spezielle Heiz- und Trocknungsverfahren, sind saugfähig, staubarm und enthalten keine schädlichen Stoffe. Anders verhält es sich mit Rindenmulch aus dem Gartenbedarf, von dem ich abrate. Da besteht die große Gefahr der für Kaninchen ungesunden Schimmelbildung. Besser geeignet ist Pinienrinden-Einstreu, die schön aussieht, aber teuer ist. Sie muss viermal im Jahr gewechselt werden.

Ein gemütlicher Lagerplatz auf Buchenholzspänen! Diese ideale und hygienische Einstreu sorgt nicht nur für Komfort, sondern unterstützt auch die Gesundheit der Kaninchen.

DAS PERFEKTE HEIM

Das abgebildete Pyramidengehege haben Marline und ihr Mann gebaut. Hier leben zwei kastrierte Kaninchenböcke zusammen in einem geräumigen und abwechslungsreich gestalteten Außengehege.

BLICK IN DEN STALL Dieses geschützte Schlafhäuschen wurde von außen an das Freigehege angebaut. Durch die PVC-Röhren (Durchmesser: 16 cm) und weitere Holzbrettchen unterhalb der Öffnungen gelangen die beiden Zwergkaninchen bequem rein und raus. Der Stall besteht aus 2 cm dicken wetterfesten Holzplatten. Das Dach, hier aufgeklappt, wurde zusätzlich mit Dachpappe verkleidet und – damit der Regen besser abfließen kann – schräg abfallend gebaut.

EINRICHTUNG Auf 9 m² wird in diesem Gehege viel Abwechslung geboten. Hier kann man sich prima verstecken, überall rauf- und runterhoppeln, kuscheln und hat unterschiedlich hohe mehrstöckige Aussichts- und Liegeplätze. Auch die Stege wurden speziell für die Kaninchen angefertigt, damit die Tiere einen guten Halt haben und nicht wegrutschen. Dies ist wichtig, weil Kaninchen nicht klettern können.

KUSCHELPLATZ Jetzt, Ende Oktober, liegen die beiden am liebsten ganz oben auf ihrem Ruheplätzchen, das durch die Rückwand und das beidseitige Kunststoffwelldach wettergeschützt ist.

DAS PYRAMIDENGEHEGE

Eigentlich entspricht die Form dieses Außengeheges eher einem Zelt oder Spitzdach als einer Pyramide. Weil für diesen Gehegetyp jedoch die Bezeichnung »Pyramidengehege« inzwischen so eingeführt ist, habe ich den Namen beibehalten.

ANGABEN ZUM GEHEGEBAU

Diese Anlage besteht aus insgesamt acht Bauelementen: an jeder Längsseite aus 3 rechteckigen Modulen und jeweils einem dreieckigen Gehegeelement an der Front- und Rückseite. Alle Seitenschenkel sind 2 m hoch und 1,50 m lang. Dadurch ergibt sich eine Gesamtlänge von 4,50 m. Um einen Teilbereich trocken zu halten, wurden die beiden hinteren Elemente mit transparentem Plastikwelldach verkleidet (→ Foto, Seite 42/43 links). Das Freigehege kann aufrecht begangen werden. An der Frontseite befindet sich die große Eingangstür (→ Foto, Seite 42/43 rechts). Damit die frechen Racker nicht zwischen den Beinen hindurch nach draußen entwischen können, wenn man das Gehege betritt, reicht die Tür nicht bis zum Boden hinunter. Ein 40 cm hohes Brett verhindert das Ausbüxen beim Öffnen der Tür. Mit einer Grundfläche von insgesamt 9 m^2 (4,5 m lang, 2 m breit) bietet dieses Freigehege den beiden dort lebenden Kaninchen einen großen Bewegungsraum. Zur Absicherung wurde Volierendraht verwendet und das Drahtgeflecht rundum 50 cm tief in den Boden eingegraben (→ Seite 40). Alle verwendeten Holzlatten sind nicht imprägniert, um die Tiere nicht zu gefährden, wenn sie daran knabbern.

Hinweis: Achten Sie beim Standort unbedingt auf einen ebenen Untergrund, sonst verzieht sich die Konstruktion und wird instabil!

Der separate Stall: Er hat die Maße: 120 cm lang, 70 cm breit (→ Foto, Seite 44 oben). Die Stallhöhe ist dem abgeschrägten Dach angepasst und beläuft sich zwischen 60 und 70 cm. Aus Sicherheitsgründen sind die Kaninchen nachts in ihrem Stall untergebracht, und die beiden Durchschlüpfe werden mittels eines Schubers verschlossen. Bei zweistelligen Minusgraden wird das Gittertürchen zusätzlich mit einer transparenten PVC-Platte verhängt und das Schlafhäuschen außen mit Dämmplatten verkleidet. In einem normalen Winter haben es die beiden dank dicker Einstreu auch so warm genug, zumal der Stall auf vier Holzbeinen steht und somit vor Bodenfrost geschützt ist.

Sonnenschutz: Im Sommer wird das Pyramidengehege großflächig mit luftdurchlässigen Strohmatten abgedeckt, die für den notwendigen Schatten sorgen (erhältlich im Baumarkt oder Gartencenter).

DIE GEHEGEGESTALTUNG

Die Einrichtung des Geheges ist sehr abwechslungsreich und besteht zum größten Teil aus massivem Holz. So wird Kaninchens Nagetrieb ausreichend befriedigt. Bringen Sie Ihren Fellnasen zusätzlich frische Zweige vom Spaziergang mit, dient dies ebenfalls der gesunden Knabberbeschäftigung (→ Seite 66). Damit es den Tieren nicht langweilig wird, sollten Sie hin und wieder einen der (mobilen) Einrichtungsgegenstände gegen etwas Neues austauschen. Schon eine einfache Obstkiste, gefüllt mit würzigem Herbstlaub, oder ein Körbchen mit duftendem Heu, vielleicht einmal eine Sorte mit Kamille, erfreuen die kleinen Racker.

CHRISTINS »LÖWENBURG«

Dieses Außengehege samt riesigem Gartenauslauf habe ich so benannt, weil es das Zuhause von insgesamt fünf Löwenkopfkaninchen ist: eine Sippe, bestehend aus zwei kastrierten Böcken und drei Häsinnen.

DAS KANINCHENHAUS

Ausgangsbasis war ein vorgefertigtes Gartenhaus aus Holz mit einer Grundfläche von 1,80 × 1,45 m (aus dem Baumarkt). Um den Innenraum für die Kaninchen interessanter zu gestalten, haben die Halter erhöhte Ebenen eingezogen. Da so ein handelsübliches Gartenhäuschen keinerlei Isolierung besitzt, musste es natürlich für die Fellnasen noch winterfest gemacht werden.

Dazu wurde das Holzhaus innen mit Styropor ausgekleidet, und darüber kam eine Vertäfelung aus Nut- und Federbrettern. Eine weitere Überlegung war, wie man die vorhandene Bodenplatte des Holzhauses davor schützt, sich mit Urin vollzusaugen. Denn auch bei dicker Einstreu kann dies nicht gänzlich vermieden werden. Eine praktische Problemlösung: Die gesamte Bodenfläche wurde mit dicker Teichfolie ausgelegt, die am Rand etwa 10 cm hochgezogen und dann festgetackert wurde. Damit Mümmel & Co. die Folienecken nicht anknabbern, kamen Holzleisten über die Abschlusskante. Ein Blick in das Kaninchenhaus von der Eingangstür aus sehen Sie links. An der langen Kette, rechts im Bild, hängt eine Gitterkugel, die man beispielsweise mit Heu befüllen kann.

DAS AUSSENGEHEGE

Es ist fest mit dem Gartenhaus verbunden. Durch eine Öffnung in der Wand können die Kaninchen jederzeit entscheiden, wo sie sich lieber aufhalten – drinnen oder draußen.
Auf dem Foto links erkennt man den Durchgang unterhalb des Kaninchenaufstiegs zur oberen Etage. Das Foto auf Seite 47 links zeigt den Zugang von der anderen Seite her.

→ Die Grundfläche des Geheges beträgt 4,50 × 2 m. Es gibt eine zweite Etage mit den Maßen 0,8 × 2 m, die als erhöhte, geschützte Liegefläche dient.

Mittagsruhe im Heukistchen beendet. Flugs die Treppe herunterhoppeln, Durchschlupf passieren und ab nach draußen ins Gehege.

Über Nacht hat Micki ein tiefes Loch gebuddelt. Nur gut, dass hier alles abgesichert ist, sonst wäre Micki vielleicht schon in Nachbars Garten!

Die Tür des Freigeheges ist offen. Nun kommt einer nach dem anderen herausgehoppelt, um im Auslauf am saftigen Grün zu knabbern.

- Das Gehege ist 2,10 m hoch, der linke Anbau fällt schräg ab und hat eine Höhe von 60 bis 80 cm (→ Foto oben rechts).
- Die Gehegeabdeckung besteht aus Gitterelementen. Der erhöhte Liegebereich der Kaninchen wurde oben mit Teichfolie geschützt. Sie hält Regen und Schnee ab und sorgt im Sommer für zusätzlichen Schatten.
- Die Abdachung im Freigehege und dem Holzhaus verläuft abgeschrägt nach hinten.
- Zum Schutz vor Fäulnis wurden die Gitterelemente an den Ecken auf Pflastersteine gesetzt, sodass keine direkte Bodenberührung besteht (2 cm Luft dazwischen).
- Es besteht eine komplette Rundumsicherung wie auf Seite 40 beschrieben mit Erdaushub und Drahtgeflecht. Wie man auf dem Foto oben links gut erkennen kann, ist dieser Schutz dringend nötig …
- Im Freigehege befinden sich weitere Schutzhäuschen, ein Tunnel aus sogenannten Pflanzringen (im Baumarkt erhältlich), ein Holztisch mit abgesägten Beinen sowie eine ausreichend weite Korkröhre.

DER ZUSATZAUSLAUF

Wenn die Halter daheim sind, wird die Gehegetür geöffnet, und die gesamte Kaninchensippe darf sich auf 60 m² Wiesenfläche austoben. Dieser Freilauf ist so groß, dass die Umzäunung auf dem Foto oben rechts nicht mehr mit aufs Bild passte. Der Gartenzaun wurde 40 cm hoch mit feinmaschigem Drahtgeflecht gegen Durchschlüpfen abgesichert.

Bepflanzung: Bäume und Sträucher im Freigehege und Zusatzauslauf spenden natürlichen Schatten, müssen aber mit Drahtgeflecht geschützt werden, um den Kaninchenzähnen standzuhalten. Einige empfehlenswerte Pflanzen, die Sie schneiden und verfüttern können, finden Sie auf Seite 48. Für Kaninchen giftige Pflanzen sind im Internet nachzulesen (→ Adressen, Seite 92).

TINAS TIERPARADIES IM GARTEN

Die Ausgangsbasis für dieses Gehege bildete das ehemalige Gartenhaus, welches »zweckentfremdet« und innen für die tierischen Bewohner neu eingerichtet wurde. Das Holzhaus ist im Freigehege integriert und umschließt es an zwei Seiten. Auf insgesamt 14,4 m² Grundfläche leben hier ein kleines Kaninchen- und Meerschweinchenrudel seit Jahren harmonisch zusammen, da jeder seine Artgenossen hat. Die Kaninchensippe besteht aus zwei kastrierten Rammlern und einer Häsin, die Meerschweinchengruppe aus zwei Weibchen und einem kastrierten Bock.

EIN GARTENHAUS FÜR TIERE

Komplett isoliert und oben mit einem Ziegeldach versehen, ist es der geschützte trockene Rückzugsbereich für alle tierischen Bewohner. Wenn es regnet und schneit, sind die empfindlicheren Meerschweinchen die Ersten, die sich in das Gartenhaus zurückziehen. Die robusteren Kaninchen bleiben zumeist lieber draußen oder suchen die Unterstände im Außengehege auf. Die Holzhütte hat eine Grundfläche von 3,70 × 2 m. Sie wurde innen mit zusätzlichen Häuschen ausgestattet, und über Stege gelangen die Tiere auf ihre erhöhten Ruheplätze. Sogar einen Blick durchs Fenster nach draußen können die Vierbeiner genießen. Im Sommer wird das Glasfenster ausgehängt, damit durch das verbleibende Gitter genügend Frischluft eindringen und innen kein Hitzestau entstehen kann.

Gut zu wissen

»Futterquellen« im eigenen Garten Zur Begrünung des Gehegegitters eignen sich Kletterpflanzen wie z. B. Wicken, Kapuzinerkresse oder Zaunwinde. Deren Grün kann regelmäßig geschnitten und an die Tiere verfüttert werden. Von Bäumen und Sträuchern geeignet und sehr beliebt sind ungespritzte Zweige von Kernobst (Apfel, Birne) und Haselnuss (→ Seite 68).

DER FREILUFTBEREICH

Dieser Teil des Außengeheges wurde bewusst oben nicht wettergeschützt abgedeckt, sondern ausschließlich mit Volierendraht gegen eindringende Raubtiere abgesichert. So können Kaninchen – wie in der Natur – auch Schnee oder einen warmen Sommerregen erleben. Das genießen viele Kaninchen, die ganzjährig draußen gehalten werden. Es sind ausreichend geschützte Unterstände vorhanden, doch jedes Tier kann jederzeit ins Gartenhaus schlüpfen, dessen Tür im Sommer geöffnet bleibt. In der kalten Jahreszeit gelangen die Tiere durch zwei Durchschlupflöcher in die Gartenhütte. Der Gehegeboden wurde nach einem 50 cm tiefen Erdaushub mit Drahtgeflecht – ebenso wie das Freigehege selbst – gesichert (→ Seite 40). Den Bodenbelag bilden Terrassenplatten, wobei ein Teilbereich ausgespart wurde. Hier dürfen die Kaninchen nach Herzenslust in der Erde buddeln. Das sorgt auch für einen natürlichen Krallenabrieb, ebenso wie das Laufen über die raue, harte Oberfläche der Steinplatten. Terrassenplatten, sofern sie nicht der prallen Sonne ausgesetzt sind, bevorzugen die Tiere im Hochsommer als kühlende Liegeflächen.

BLICK INS GEHEGE Während sich die Meerschweinchen ins Gartenhaus zurückgezogen haben, hoppeln die Fellnasen munter umher. Der Gehegeboden ist größtenteils mit Terrassenplatten ausgelegt. Und im ausgesparten Bereich können die Fellnasen auch einmal in der Erde buddeln. Da das Freigehege rundum abgesichert ist, kann sich kein Kaninchen durchgraben. Die Brennnesseln, die dort wachsen, werden geschnitten und leicht angewelkt an die Kaninchen verfüttert.

SEITENANSICHT Gern hocken die Kaninchen auf einem der erhöhten Ruheplätze, denn so haben sie einen besseren Überblick. Das Gehege ist nicht überdacht, damit die Tiere auch einen warmen Regenguss oder Schnee genießen können. Trockene Rückzugsmöglichkeiten sind genügend vorhanden. Vor dem Gehege wächst ein Apfelbaum, dessen Zweige den Tieren eine gesunde Knabberkost bieten (→ Seite 68).

FUTTERSUCHE Felix, der Deutsche Riesenmix und der Größte in dem Rudel, beim Äsen. Saftige Grashalme, zwischendurch etwas Laub von der Weide – beides schmeckt Felix gut.

DANIS WEITLÄUFIGES GEHEGE

Erinnern Sie sich noch an Moni und Maxi, die ich bei mir im Haus auf die Außenhaltung vorbereitet habe (→ Seite 24)? Beide zogen Mitte Januar in dieses herrliche Außengehege und wurden dort mit einer weiteren Häsin und einem kastrierten Bock erfolgreich vergesellschaftet (→ Seite 86). Weitere tierische Mitbewohner sind eine Gruppe Meerschweinchen, bestehend aus einem kastrierten Böckchen mit fünf Mädels. Alle zehn Tiere leben harmonisch miteinander, da sich jedes von ihnen mit einem Artgenossen innerhalb des Rudels in seiner Sprache »unterhalten« kann.

DAS AUSSENGEHEGE

Es besteht aus der Kombination Garten-/Gerätehaus mit anschließendem Außenbereich. Wenn man kein begnadeter Heimwerker ist oder die Zeit zum Bau nicht erübrigen kann, besteht die Möglichkeit – wie hier der Fall –, einen Schreiner damit zu beauftragen. Er hat das Holzhaus einschließlich des Freigeheges nach Maß angefertigt. Alles wurde von Anfang an so geplant und gebaut, dass die einzelnen Elemente (auch das Haus) bei einem späteren Umzug komplett zerlegt und wieder aufgestellt werden können.

Holzhaus: Im Innenbereich wurde ein Abteil abgetrennt (2 × 1 m groß) und als separate Box für die Meerschweinchen eingerichtet. Eine doppelwandige Isolierung an allen Seiten sorgt auch bei strengem Frost für den notwendigen zusätzlichen Wärmeschutz. Von Box und Auslauf im Gerätehaus führt ein kleiner Durchgang in die Außenanlage. Alle tierischen Bewohner können so frei zwischen beiden Bereichen wählen. Nur nachts wird der Durchschlupf mittels eines Schubers verschlossen, damit die kälteempfindlicheren Meerschweinchen in der Box geschützt untergebracht sind und vor den quirligen Kaninchen ihre Ruhe haben.

Der Außenbereich: Hier steht den Tieren eine weitere Grundfläche von insgesamt 5 m² zur Verfügung. Das Dach des Gerätehauses verläuft schräg abfallend über das Gehege, sodass auch dieser Außenbereich oben wettergeschützt ist.

Die Anlage mit dem 30 m² großen Zusatzauslauf ist mit der fest installierten Freivoliere verbunden.

Maxi jagt in weiten Sätzen durch den Auslauf. Wie gut, dass hier so viel Platz ist. Hier lässt es sich prima nach Herzenslust toben.

Geruchskontrolle. Wer war schon hier? Anschließend wird Maxi ihr Kinn am Haus reiben und es mit ihrem Duft markieren.

Nach dem Erdaushub und der guten Rundumsicherung mittels Drahtgeflecht wurde die Erde wieder aufgefüllt und als natürlicher Boden im Gehege belassen (→ Seite 40). Im Außengehege befindet sich ein geräumiger Stall für die vier Kaninchen, damit sie ebenfalls ihren geschützten, warmen Schlafplatz haben. Der Stall verläuft über zwei Etagen. Er steht auf vier 40 cm hohen Beinen. Das erleichtert zum einen die Säuberung, zum anderen hält es Kälte und Zugluft vom Boden her fern.
Seitlich vor dem Kaninchenstall befindet sich eine stabile Holzkiste, die es den Fellnasen ermöglicht, bequem in ihren Stall zu hoppeln. Die Holzkiste wird von den Kaninchen auch gern als erhöhter Ruheplatz genutzt und von allen Tieren als geschützter Rückzugsbereich. Die Kiste ist an drei Seiten geschlossen, vorn offen, und dieses Plätzchen wird zusätzlich mit Stroh eingestreut. Zum Inventar des Freigeheges gehören ein weiteres Holzhäuschen sowie ein Korktunnel.

DER ZUSÄTZLICHE AUSLAUF

Auch Kaninchen im Außengehege freuen sich über jede Abwechslung und noch mehr Platz. Ein Zuviel kann es für die bewegungsfreudigen Racker eigentlich nicht geben. In diesem Garten wurden 30 m^2 Wiese zusätzlich eingezäunt und mit verschiedenen Unterschlüpfen eingerichtet. Obwohl Dani die Tiere von ihrem Arbeitsplatz im Wohnhaus gut beobachten kann, hat es Moni, die Ausbrecherkönigin, geschafft, auszubüxen. Dani staunte nicht schlecht, als sie nach einer kurzen Pause wieder an ihren Arbeitsplatz zurückkehrte und aus dem Fenster schaute. Direkt vor ihren Augen machte ein gelb-weiß geflecktes Kaninchen Männchen. Und das war Moni. Nun musste der ursprüngliche Drahtzaun mit einer Maschenweite von 70 × 70 mm komplett mit einem feinmaschigen Drahtgeflecht (20 × 20 mm) nachgerüstet werden, um erneute Ausbruchsversuche einzudämmen. Und die Maßnahme zeigte Erfolg.

PILARS BALKON-»HASIENDA«

Wer seine Kaninchen das ganze Jahr über draußen halten möchte, muss nicht unbedingt einen Garten besitzen. Auch auf einem etwas geräumigeren Balkon können Sie Ihren Fellnasen ein Zuhause einrichten, in dem sie sich das ganze Jahr über wohlfühlen. Das Fotobeispiel auf dieser Doppelseite ist ein »lebender Beweis«.

HOCH OBEN WOHNEN

Im fünften Stock, über den Dächern von München, erhielt ein Kaninchenpärchen sein kleines Paradies.

- Die Grundfläche dieses Balkons beträgt 3,3 m × 1,3 m, also insgesamt 4,29 m^2.
- Durch den darüberliegenden Balkon ist der Auslauf von oben her wettergeschützt. Die vorhandene 1 m hohe komplett geschlossene Brüstung schützt vor dem starken Wind im fünften Stock.
- Das Katzennetz dient in erster Linie dem Schutz vor Greifvögeln, denn schon einmal hat ein Bussard versucht, ein Kaninchen vom Balkon zu rauben – mitten in der Stadt!
- Auf den ursprünglichen Estrich verlegten die Halter sogenannte Terrassendielenbretter. Auf diesem naturbelassenen Holzboden rutschen die Kaninchen nicht, er ist pflegeleicht und isoliert gegen die Kälte vom Boden her.
- Abwechslungsreich gestaltet: Vorn rechts im Bild ein Grastunnel, links davon steht das Buddelkistchen, gefüllt mit Spielzeugsand.
- Die Hütte ist selbst gebaut, sehr geräumig und hat vorn sowie hinten seitlich jeweils einen Eingang. An der Fensterfront stehen Wassernapf und Futterschüssel, die der Kaninchenmann gerade ansteuert, um zu schauen, ob es heute, zum Fototermin, ein besonderes Leckerli gibt.
- Der Weidenkorb vor dem Stall wurde mit trockenem Herbstlaub gefüllt, welches beide Kaninchen gern fressen. In den Balkonkästen wachsen verschiedene Küchenkräuter zur Ergänzung des Speiseplans für Mensch und Kaninchen.

Der Stall: Er misst jeweils 1,2 m × 0,6 m auf insgesamt drei Ebenen. Der unterste Teil ist ein handelsüblicher Außenstall, die beiden oberen Stockwerke sind »Marke Eigenbau«. Vor der Aufstockung wurde das Dach einfach abgenommen und danach wieder oben draufgesetzt.

Der dreistöckige Außenstall bietet den Kaninchen Schutz und fördert ihre Fitness, wenn sie dort hinauf- und hinunterhoppeln.

Das Gittertürchen am untersten Stall wurde durch eine Holztür ersetzt (im Foto ist die Tür allerdings offen), damit ein warmer Unterschlupf für den Winter und bei schlechtem Wetter entsteht. Auch die beiden Gittertüren der oberen Stallebenen nehmen nicht die gesamte Breite des Stalls ein, um den Tieren auch hier einen geschützten Bereich zu bieten. Mittels Häuschen und Brettchen können die Kaninchen durch Einstiegslöcher bequem in jede Etage gelangen.

→ Im Winter werden Plexiglasscheiben vor die Gittertüren geschoben, damit es die beiden kleinen Racker warm haben. Und im Sommer liegen die Kaninchen gern unter dem Stall, weil es hier herrlich kühl bleibt. Jedenfalls scheinen die beiden Fellnasen mit ihrer »Penthousewohnung« sehr zufrieden zu sein.

ÜBERLEGUNGEN ZUR PLANUNG

Sie möchten Ihre Kaninchen das ganze Jahr über draußen halten, haben aber keinen Garten? Wenn Ihre Wohnung über einen Balkon verfügt, können Sie auch dort den Kaninchen ein schönes

»Hasienda«, so heißt das Zuhause für das glückliche Kaninchenpaar, das dort das ganze Jahr über leben darf. Pilar hat ihren Balkon nicht nur sehr abwechslungsreich gestaltet, sondern auch mit so viel Liebe zum Detail, dass er ein kleines Schmuckstück geworden ist.

JE NACH JAHRESZEIT
Im Sommer ist Fließenboden schön kühl, aber nur, wenn er im Schatten liegt. Im Winter brauchen die Kaninchen aber einen wärmeren Untergrund.

Zuhause gestalten – vorausgesetzt, Ihr Balkon ist groß genug und die Lage stimmt.

Himmelsrichtung: Kaninchen, die ganzjährig draußen leben, sind den dort herrschenden Wetterverhältnissen ausgesetzt. Auch wenn ein Balkon am Haus einen gewissen Schutz bietet, kann es hier im Sommer brütend heiß werden und im Winter eisig kalter Wind hineinblasen. Ideal sind alle Balkons, die nur morgens oder am späten Nachmittag von der Sonne beschienen werden. Weniger geeignet ist eine Ausrichtung zur sogenannten Wetterseite (Nordwesten). Aus dieser Himmelsrichtung kommen die Schlechtwetterfronten. Wind und Sturm drücken Schnee und Regen herein, sodass es hier stets zu feucht und vor allem zugig ist. Solch ein Balkon müsste großflächig wettergeschützt werden. Völlig ungeeignet ist ein Balkon auf der Südseite des Hauses. Im Sommer können hier Temperaturen von über 30 Grad auftreten. Eine Qual für die hitzeempfindlichen Kaninchen, die infolgedessen an einem Hitzschlag sterben können! Die Abschattung durch eine Markise oder einen Sonnenschirm reicht nicht aus, da sich die Hitze staut und das Mauerwerk noch bis in den Abend hinein reichlich Wärme abstrahlt. Auch die Nordseite ist ungünstig, da die Kaninchen dort keinen einzigen Sonnenstrahl abbekommen.

Platz: Im Winter ist es wichtig, dass sich die Fellnasen durch viel Bewegung warm halten können. Bei zwei Kaninchen sollte die Auslauffläche nicht kleiner als 4 m^2 sein, besser 6 m^2. Kleinere Balkons können Sie in der warmen Jahreszeit durch einen Zugang zum Wohnraum erweitern.

Sicherheit: Kaninchen schlüpfen durch kleinste Lücken und überspringen über 80 cm hohe Geländer. Deshalb muss die Brüstung überall, wo sie Lücken aufweist – in Bodennähe und nach oben hin – gut gesichert werden. Mit einem Katzennetz aus Nylon kann man nur einen höher gelegenen Balkon und nur oberhalb der Brüstung absichern (→ Foto, Seite 53). Solche Nylonnetze sind kein Schutz, wenn sie sich in Reichweite der Kaninchen befinden bzw. zur Sicherung ebenerdiger Balkone. Kaninchen und Marder beißen die Netze durch! Hier wird mit einem Stahlgitter (17 × 17 mm oder 19 × 19 mm) abgesichert.

Hinweis: Nicht in jeder Wohnanlage ist eine Balkonvernetzung gestattet. Das Vorhaben am besten schriftlich vom Vermieter genehmigen lassen!

AUF WETTERSCHUTZ ACHTEN

Wenn Ihr Balkon nach oben hin kein »Dach« besitzt, müssen Sie unbedingt für trockene, geschützte Rückzugsbereiche sorgen. Ein Schutzhaus, noch besser ein Kaninchenstall und zusätzlich trockene Unterschlüpfe sind erforderlich. Kurzzeitige Regengüsse machen einem gesunden Kaninchen zwar wenig aus, aber ständig im Feuchten zu sitzen, das verträgt auch das robusteste Tier auf Dauer nicht. Daher sind entsprechende Vorkehrungen zu treffen, wenn Sie keinen überdachten Balkon besitzen.

Bodenbelag: Balkone mit betoniertem Estrich oder Bodenfliesen sind rutschig und im Winter viel zu kalt. Auf dem Boden der überdachten, regengeschützten Fläche können Sie eine Reis- oder Maisstrohmatte legen oder einen Baumwollläufer. Manche Halter bauen eine separate Einfassung und decken dort den Boden mit Kleintierstreu ab. Kunststoffrasen dagegen empfehle ich nicht. Er lässt sich sehr schlecht sauber halten und ist für Kaninchen auch schädlich, wenn sie ihn anknabbern. Der Holzbodenbelag in der »Hasienda« dagegen ist eine gute Lösung (→ Seite 53).

Das Außengehege im Lauf der Jahreszeiten

Die ganzjährige Haltung von Kaninchen im Außengehege erfordert eine sorgfältige Planung, um den Tieren rund ums Jahr optimale Bedingungen zu bieten. Jede Jahreszeit bringt dabei ihre eigenen Herausforderungen mit sich.

1. TEMPERATURWECHSEL

Kaninchen aus einer Innenhaltung sollten erst nach draußen gesetzt werden, wenn im Mai die Frostnächte vorbei sind. In der kalten Jahreszeit dürfen Kaninchen, die draußen leben, keinesfalls »zum Aufwärmen« in die warme Wohnung geholt und später wieder raus ins Freie gesetzt werden. Das ist absolut gesundheitsschädlich für die Tiere.

2. FRÜHLING

Wenn die Temperaturen steigen, werden Kaninchen wieder aktiver. Doch gerade im Frühjahr gibt es noch häufig Nachtfrost oder plötzliche Wetterumschwünge. Das Gehege sollte daher ausreichend wettergeschützte Bereiche bieten. Zudem sprießt und wächst jetzt alles – achten Sie darauf, dass keine giftigen Pflanzen für die Kaninchen erreichbar sind.

3. SOMMER

Kaninchen sind hitzeempfindlich und benötigen im Freigehege luftige Schattenplätze. Wenn Sie Laubbäume oder Sträucher als Schattenspender nutzen, berücksichtigen Sie, dass die Sonne im Tagesverlauf wandert. Zusätzlich helfen kühle Rückzugsorte wie Höhlen oder Steinplatten, auf denen sich die Tiere abkühlen können. Frisches Wasser muss immer verfügbar sein.

4. HERBST

Nun ist die ideale Zeit, um das Außengehege winterfest zu machen. Wichtig ist, dass es gut gegen Wind und Nässe geschützt ist. Eine isolierte Schutzhütte mit trockenem, wärmendem Einstreu hilft den Kaninchen, sich vor der Kälte zurückzuziehen. Kontrollieren Sie regelmäßig, ob das Gehege noch sicher und wetterfest ist, damit es auch starkem Regen oder Stürmen standhält. Zudem sollten Sie darauf achten, dass ausreichend trockenes Futter zur Verfügung steht, da frisches Grün langsam seltener wird.

5. WINTER

Kaninchen brauchen Schutz vor Nässe, Zugluft und Frost. Auf den Boden kommt eine 10 cm dicke Schicht Kleintierstreu aus unbehandelten Weichholzspänen, die Urin aufsaugt. Darüber eine dichte Lage Hafer- oder Weizenstroh. Die Wasserquelle darf nicht einfrieren – beheizbare Tränken oder mehrmals tägliches Wechseln des Wassers sind sinnvoll.

6. GESUNDHEIT

Nur gesunde und geimpfte Tiere gehören in die Außenhaltung (→ Seite 80). Ein täglicher Gesundheitscheck ist daher Pflicht! Gehen Sie zum Tierarzt, wenn ein Kaninchen Abweichungen im Verhalten oder Aussehen zu den Vortagen zeigt.

Fazit

Mit einer durchdachten Gestaltung des Außengeheges und der richtigen Vorbereitung für jede Jahreszeit können Kaninchen das ganze Jahr über gesund und glücklich draußen leben und sich in einer sicheren, abwechslungsreichen Umgebung wohlfühlen.

KANINCHENS »LIEBLINGSMÖBEL«

Nur in einem gut strukturierten Gehege und Auslauf fühlen sich Kaninchen rundum wohl. Damit keine Langeweile aufkommt, gibt es hier einige Vorschläge, die den natürlichen Bedürfnissen Ihrer Fellnasen entsprechen (→ Fotos, Seite 60/61).

1 LAUBTIPI

Legen Sie auf vier Natur- oder Ziegelsteine eine runde Holzplatte mit einem Durchmesser von 40 bis 50 cm. Ich habe auf dem Foto rechts eine vorgefertigte Hartholzbohle aus dem Gartenbau verwendet. Dann schneiden Sie etwa 80 bis 100 cm lange Zweige mit dichter Belaubung ab (wichtig, damit Schatten gespendet wird). Die Zweige oben fest zusammenbinden und wie ein Indianerzelt halbrund um die Bodenplatte stellen. Fertig ist ein luftiges Ruheplätzchen. Haselnuss- oder Hainbuchenzweige werden begeistert beknabbert.

2 HÄNGEMATTE

Eine weitere Idee von mir, die leicht nachzubauen ist. Auf eine massive Holzplatte, 70 × 40 cm, 2 cm dick, schraubt man vier Holzstämmchen, etwa 5 cm dick, 60 bis 80 cm lang. Aus dem Zoofachhandel stammt die große Weidenbrücke (50 × 35 cm), die man in halber Höhe fest mit den vier Stämmen verschraubt oder verdrahtet. Es darf nichts wackeln, denn dies mögen Kaninchen nicht!

> ### Gut zu wissen
>
> **Tunnel und Verstecke** Pflanzringe sind im Baumarkt erhältlich und bieten tolle Gestaltungsmöglichkeiten. Einzeln aufgestellt, ergeben sie wettergeschützte Verstecke. Aneinandergefügt verbinden sie sich zu wunderbaren Tunneln, die sich vom Durchmesser her auch für große Langohren eignen. Unter einem Erdhügel oder Sandhaufen verlegt, bereitet so ein Tunnel doppelte Freude.

3 »SCHATTENZELT« UND RAUMTEILER

Dieses »Zelt« aus geflochtenen Weidenruten ist bei meinen Kaninchen der absolute Hit. Ein knabberfreundlicher, sehr luftiger Schattenplatz im sommerlichen Auslauf (→ Adressen, Seite 92). Dazu sogenannte Beetrollis (aus dem Gartencenter), die ich wie ein kleines Labyrinth im Auslauf aufstelle. Für Kaninchen eine spannende Angelegenheit, wenn sie sich in ihrem gewohnten Umfeld wieder neu orientieren müssen.

4 AMPHORE

Ein wettergeschütztes, dunkles Versteck, so wie es Kaninchen lieben. Der Ton kühlt gut, wenn man die Amphore in den Schatten legt. In der kalten Jahreszeit innen mit Stroh oder Heu warm auspolstern.

5 BAUMHÖHLE

Ausgehöhlte Baumstämme sind ideal für jedes Außengehege und stabiler als Korkröhren. Kaninchen lieben diese Baumtunnel.

6 BAUMSTÄMME

Baumstümpfe und Holzblöcke werden von den Kaninchen gern als erhöhte Aussichtsplätze benutzt. Hauptsache, sie sind massiv und standfest. Sie dürfen weder wackeln noch umkippen.

ABWECHSLUNGSREICH
Mehrere Unterschlupfmöglichkeiten bieten dem Kaninchen jederzeit die Gelegenheit, sich in ein sicheres Versteck zurückzuziehen. Je abwechslungsreicher das Gehege, desto besser.

Geeignetes Mobiliar im Freigehege

Kaninchen lieben es, ihre Welt zu erforschen. Mit Begeisterung erkunden sie die Einrichtung ihres Freigeheges. Mit ein wenig Fantasie können Sie Ihren Fellnasen geeignetes Mobiliar selbst bauen oder in der Natur sammeln.

SCHATTENZELT Die kleinen Zäune aus geflochtenen Weidenruten lassen sich ganz leicht zu immer neuen Formen zusammenstecken. Und so bieten sie nicht nur einen schattigen Unterschlupf, sondern auch jede Menge Abwechslung im Freigehege.

BAUMHÖHLE Ein schönes Stück Natur im Freigehege – die verlockende Baumhöhle wird gleich mal untersucht. Darin findet das Kaninchen Schutz vor schlechtem Wetter und gleichzeitig auch ein wunderbares Versteck.

BAUMSTÄMME Sie sind perfekt zum Klettern und Erkunden. Gleichzeitig kann das Kaninchen am Holz knabbern und seine Zähne einsetzen.

LAUBTIPI Ein schattiges Versteck wird gern genommen. Lässt sich dann noch genüsslich an Zweigen oder Blättern herummümmeln, ist das umso besser.

HÄNGEMATTE Wer möchte auf diesem schönen Aussichtsplatz nicht nach Herzenslust chillen? Nur wackeln darf das selbst gebaute Stück nicht, denn das mögen die vorsichtigen Kaninchen gar nicht.

AMPHORE Eine Wohltat im Sommer ist dieses kühle Versteck aus Ton. Im Winter muss es allerdings gut ausgepolstert werden, damit es auch bei kalten Temperaturen zum Verweilen einlädt.

SICHERHEIT HAT VORRANG

Ein gut gestaltetes Freigehege bietet Kaninchen Sicherheit und Komfort. Achten Sie aber darauf, dass alle Einrichtungsgegenstände wetterbeständig und stabil sind. Naturmaterialien wie unbehandeltes Holz und robuste Äste eignen sich besonders gut, sollten aber regelmäßig auf Schäden überprüft werden.

Der ideale Speiseplan

Damit die Kaninchen unter freiem Himmel gut gerüstet sind, brauchen sie ein starkes Immunsystem. Dafür sorgen eine gesunde Ernährung, die richtige Gesundheitsvorsorge und eine gewissenhafte Pflege.

SO FÜTTERN SIE KANINCHEN RICHTIG

Ebenso wie die Wildkaninchen benötigen auch unsere Kaninchen in der Heimtierhaltung in erster Linie pflanzliche Nahrung. Ihr spezielles Verdauungssystem ist grundsätzlich auf eher nährstoffarmes und rohfaserreiches Futter eingestellt – das sollte bei der Fütterung berücksichtigt werden.

VIELE FASERN, BITTE!

Saftiges frisches Gras und Wiesenkräuter zählen zu den Grundnahrungsmitteln von Kaninchen. Mittlerweile rät man davon ab, den Tieren – vor allem im Sommer – zu viel trockenes Heu zu füttern, denn das ist nicht gut für ihren Flüssigkeitshaushalt. Trotzdem sind Heu und andere faser- und ballaststoffreiche Kost (dazu zählen beispielsweise auch Wurzeln, Knospen, Äste oder Gemüsegrün) essenziell für die Tiere. Das hat folgende Gründe:

→ Kaninchen haben eine schwach bemuskelte Magenwand. Die Nahrung kann nur weitertransportiert werden, wenn von oben »nachgestopft« wird. Diese Aufgabe erfüllen grobe, natürliche Fasern und sind damit unersetzlich.

→ Faserreiches Raufutter hält die Verdauung in Gang und sorgt für eine zügige Darmpassage.

→ Heu und andere Fasern balancieren den Gärungsprozess aus und unterstützen eine gesunde Darmflora.

→ Heu und andere schwer verdauliche ballaststoffreiche Kost machen nicht dick. Sie sind die ideale Diätkost bei Übergewicht und Magen-Darm-Problemen.

→ Beim intensiven Zerkauen von Halmen und anderen harten Pflanzenbestandteilen werden die stets nachwachsenden Zähne der Kaninchen gut abgenutzt.

→ Und wenn's mal langweilig wird, so sorgt der Heuvorrat oder ein knackiger Ast für eine gesunde Knabberbeschäftigung.

QUALITÄT ERKENNEN

Gutes Heu hat lange Fasern, ist grünlich, eher weich und duftet aromatisch. Staubiges, gelblich graues Heu ist meist alt und minderwertig. Finger weg von Heu, das noch feucht ist oder gar schimmelt. Dies kann schlimmste Koliken verursachen! Mein Tipp: Ich kaufe nur Wiesenheu aus biologischem Anbau.

Zur Abwechslung auf dem Speiseplan verfüttere ich ein- bis zweimal im Monat eine würzige, leckere Kräuterheumischung und Heusorten, die Apfel oder Karotte enthalten (aus dem Zoofachhandel). Heu mit Kamille ist besonders für Jungtiere gut geeignet und für Kaninchen, die eventuell ein leichtes Verdauungsproblem haben.

Heu richtig anbieten: Das Heu sollte nur in dem trockenen, geschützten Gehegebereich, am besten gleich im Stall und in handelsüblichen Gitterraufen, verfüttert werden. Wenn Sie das Heu auf dem Boden anbieten, verunreinigen es die Tiere zu schnell. Im ungeschützten Gehegeteil wird es durch Regen oder Schnee nass und verdirbt dann sehr schnell.

RUND UMS TRINKEN

Frisches sauberes Trinkwasser brauchen Kaninchen immer zur freien Verfügung. Auch wenn der Durst abhängig von der Witterung und Fütterungsweise ist, hat noch kein Kaninchen »einen über den Durst« getrunken. Aber schon so manche Fellnase hat Durst gelitten, vor allem,

Oben: Heu ist perfekt für die Kaninchenverdauung und ein wichtiger Bestandteil der Ernährung.

Unten: An Blättern und Zweigen der Haselnuss mögen Kaninchen besonders gern knabbern.

wenn in der heißen Jahreszeit nicht ausreichend Wasser angeboten wurde. Leitungswasser ist in der Regel völlig ausreichend, da es meist von guter Trinkqualität ist. Nur stark gechlortes Leitungswasser sollte man vorher abkochen und abgekühlt anbieten. Bei hoher Nitratbelastung des Trinkwassers ist es gesünder, wenn Ihre Kaninchen stilles Mineralwasser trinken.

Hinweis: Milch ist für Kaninchen generell tabu. Verdünnten Kamillentee setzt man nur zu therapeutischen Zwecken ein.

Wasser richtig anbieten: Ideal sind schwere Steingutnäpfe aus dem Zoofachhandel (Durchmesser: 16–18 cm, 8 cm tief). Kaninchen trinken gern daraus, denn es entspricht ihrem natürlichen Trinkverhalten, und im Sommer bleibt das Wasser kühl darin. Damit der Napf nicht mit Einstreu verschmutzt, steht er auf einer 5 cm dicken Steinplatte oder einem erhöhten Liegeplatz. Leichte Plastiknäpfe kippt ein Kaninchen um, und manche knabbern an dem ungesunden Material. Der Zoofachhandel bietet inzwischen auch Nippeltränken an, die nicht mehr tropfen und in der Spülmaschine gereinigt werden können. Das Kaninchen trinkt aber mit unnatürlich abgeknickter Kopfhaltung daraus. Außerdem ist es für das Tier mühsam, ausreichend Flüssigkeit aus dem engen Flaschenhals zu saugen. Deshalb empfehle und verwende ich lieber Steingutnäpfe.

Im Winter: Stellt man den Wassernapf in den geschützten Innenbereich des Außengeheges an erhöhte Stelle, z. B. auf ein Holztischchen mit abgesägten Beinen, friert das Wasser nicht so schnell ein. Sollte es trotzdem über Nacht zufrieren, werden die Kaninchen nicht gleich verdursten. Wechseln Sie das Wasser morgens gegen frisches aus und kontrollieren Sie die Näpfe mehrfach am Tag (→ hintere Umschlagklappe).

PFLANZENKOST IST TRUMPF

Neben Heu gibt es für Kaninchen nichts Gesünderes als das, was die Natur für sie zu bieten hat. Wildkaninchen fressen neben den unterschiedlichsten Gräsern auch Wildkräuter, Knospen, Blätter, Rinde und zarte Wurzeln.

Im Garten: Reservieren Sie dort eine Fläche für Ihre Tiere und legen Sie eine Naturwiese an. Dies sieht schön aus, schmeckt Ihren Kaninchen, und Sie helfen damit auch den Bienen, Schmetterlingen und vielen anderen Tieren. Spezielles Saatgut für eine Wildblumenwiese kann man im Internet bestellen. Auch ein kleines Beet mit Küchenkräutern versorgt Sie und Ihre Tiere mit würzigen schmackhaften »Zusatzvitaminen«. Natürlich können Sie auch Salat und Gemüse in Ihrem Biogarten anbauen und verfüttern. Übrigens, Kaninchendung ergibt einen guten Kompost, sofern man ihn sechs Monate lang fachgerecht kompostiert, bevor man ihn im Garten untergräbt.

Gut zu wissen

Kalzium Kaninchen nehmen mehr Kalzium aus der Nahrung auf, als sie beispielsweise für das Nachwachsen der Zähne benötigen. Ein Überangebot an kalziumreichem Futter (etwa durch die Gabe von Löwenzahn und anderen, vor allem trockenen Gräsern) sollte daher vermieden werden, da sich das Mineral in Nieren und Blase ablagern kann. Dies geschieht vor allem, wenn die Tiere zu wenig trinken. Deshalb ist es wichtig, dass Kaninchen viel Flüssigkeit aufnehmen – auch in Form frischen Grünfutters. Denn dadurch wird überschüssiges Kalzium aus dem Körper gespült.

Unterwegs sammeln: Wenn Sie Futterpflanzen für Ihre Kaninchen auch an anderen Stellen als Ihren Garten pflücken möchten, so sind gute Sammelplätze beispielsweise unbebaute, meist verwilderte Grundstücke, Landschaftsschutzgebiete, ebenso alle Brachflächen, wie an Bahndämmen, Grünflächen auf Friedhöfen, umzäunte Spielplätze und große Parks.
Ungeeignete Standorte: Pflücken Sie allerdings kein Grün am Rand viel befahrener Straßen (Belastung durch Abgase), auf Wiesen, wo Hunde ausgeführt werden (Krankheitsgefährdung durch Kot und Urin), und am Rand von Ackerflächen (belastet mit Herbiziden und Pestiziden).

AUSGEWOGEN GEMISCHT

Wildkaninchen fressen nie ausschließlich nur eine einzige Futterpflanze. Deshalb biete ich auch meinen Fellnasen ganzjährig das gesamte Grün- und Saftfutter stets nur als Mischung an, bestehend aus unterschiedlichen Sorten in kleineren Mengen. Mit dieser ausgewogenen Ernährungsweise habe ich langfristig beste Erfahrungen gemacht. Nachfolgend zwei Beispiele:
Sommermix: Gräser, Löwenzahn, etwas Klee, Gänseblümchen, Wegerich, Schafgarbe.
Wintermix: Wenn draußen nichts mehr wächst, dann bekommen meine Kaninchen einen schön gemischten Gemüseteller mit ein wenig Obst: Fenchel, Karotte (längs durchgeschnitten), Sellerie (schälen), ein wenig Eisbergsalat und einige Apfelviertel (Kerngehäuse entfernen). Meine Kaninchen fressen auch mit großer Begeisterung Kohlrabiblätter und Wirsing, wenn ich ihnen diese in kleinen Mengen untermische. Was ein Kaninchen mag und im Einzelnen verträgt, ist individuell recht unterschiedlich. Probieren Sie Neues immer erst in kleinen Portionen bei den Tieren aus. Beachten Sie bitte auch »Gesund für Kaninchen« auf Seite 68/69.

GESUNDE KNABBERKOST

Neben Heu knabbern viele Kaninchen auch gern am Stroh in ihrer Einstreu. Meine Tiere bekommen zweimal wöchentlich Zweige (→ Seite 68). Sie fressen am allerliebsten Haselnusszweige. Im Frühling biete ich die Zweige mit den jungen Knospen, im Sommer mit vollem Grün, im Herbst samt Laub an. Im Winter sollte man die gefrorenen Zweige vorher im Haus abtauen lassen. Das bekommt den Fellnasen besser. Auch an Wurzeln und großen Baumstücken mit Rinden knabbern Kaninchen gern. All dies beschäftigt die Tiere, fördert den natürlichen Zahnabrieb und ist auch

Köstlicher Snack: Das Kaninchen knabbert genüsslich an einem saftigen Apfel, den es im Außengehege gefunden hat.

Zwei Castor-Rex-Kaninchen. Eines knabbert an den Blättern des Apfelbaums, das andere nähert sich vorsichtig. »Darf ich auch mal kosten?«

Wasser ist das richtige Getränk für Kaninchen. Achten Sie auf standfeste Gefäße, die die Tiere nicht umkippen können.

durch den hohen Rohfaseranteil eine naturgemäße Zusatzkost für Mümmel & Co., die keine Figurprobleme schafft.

TROCKENFERTIGFUTTER

Wenn Sie Ihre Kaninchen nach meinen Empfehlungen ernähren, brauchen gesunde Tiere auch im Winter in der Außenhaltung keine weiteren Fertigfuttermischungen oder sonstiges Kraftfutter.

Erhöhter Energiebedarf: Sollte jedoch aufgrund langer Kälteperioden oder bei einem sehr mageren Kaninchen erhöhter Energiebedarf nötig sein, dann geben Sie ein wenig Kraftfutter. Statt Brot (Weizen, Roggen) oder grobe Haferflocken empfehle ich Ihnen grobe Buchweizenflocken (aus dem Bioladen). Weizen, Roggen, Gerste und Hafer, die in den meisten Trockenfuttersorten enthalten sind, vertragen viele Kaninchen nicht. Bei Buchweizen jedoch handelt es sich um ein hochwertiges, glutenfreies Getreide, das besonders leicht verdaulich ist. Kaninchens Verdauungstrakt kann diesen Energieträger besser aufschlüsseln (etwa 1 Esslöffel am Tag für ein kleineres Tier als grober Richtwert). Empfehlenswert sind auch getrocknete Kräuter und getrocknetes Gemüse, am besten in ganzen Bestandteilen, ohne jegliche weiteren Zusätze!

Nicht verfüttern: Alles, was Getreide, Mais, Nüsse, Zucker und Melasse enthält. Lesen Sie das Etikett auf der Futterpackung genau! Vor allem bunte Hochglanzverpackungen mit Bildern glücklicher Kaninchen auf Blumenwiesen, gepaart mit flotten Werbesprüchen, erweisen sich gern als Mogelpackungen! Auch Müsliriegel, Knabberstangen, Drops aus Joghurt sowie Mineral-, Kalk- und Salzlecksteine benötigt ein gesund ernährtes Kaninchen nicht. Im Gegenteil: Frisst es zu viel davon, wird es krank.

Gesund für Kaninchen

Eine artgerechte Ernährung für Kaninchen besteht vor allem aus frischem Grünfutter, Heu und Gemüse.

HEU

Ist wichtig für die Verdauung und sollte den Tieren regelmäßig angeboten werden.

ZWEIGE MIT LAUB

Reichlich Haselnuss, Kernobst, Heidelbeer-, Johannisbeerbusch, Hainbuche.

BITTERSALATE

Chicorée, Endivie, Radicchio & Co. fördern die Verdauung und sind eine ideale Winterkost.

KOHLSORTEN

Chinakohl, Kohlrabi, Blumenkohl, Wirsing und Grünkohl sind eine ideale Ergänzung im Winter.

KLEE

Schmeckt den Kaninchen, sollte aber nicht in großen Mengen verfüttert werden.

KRÄUTER

Ringelblume (Calendula), Kamille, Wiesensalbei und Schafgarbe werden gern angenommen.

BUCHWEIZENFLOCKEN

Bei erhöhtem Energiebedarf ist es ratsam, Buchweizenflocken als Kraftfutter (Bioladen) zu geben.

OBST

Apfel, Birne, Erdbeere, Himbeere gelegentlich als Snack für zwischendurch.

FESTES GEMÜSE

Sollte maximal 20 Prozent der Ernährung ausmachen. Vertragen werden viele heimischen Sorten, besonders beliebt sind Karotte, Gurke und Zucchini.

DAS KANN MAN AUCH SELBST ANBAUEN

Küchen- und Gewürzkräuter können Sie auch gut selbst anbauen – so haben Sie die leckere Nahrung für Ihre Kaninchen immer verfügbar. Besonders gern mögen die Tiere Dill, Kerbel, Liebstöckel, Petersilie und Basilikum. Diese Kräuter können Sie Ihren Kaninchen entweder frisch oder aber auch getrocknet in ihr Außengehege geben. Sie sollten aber unbedingt in Maßen verfüttert werden, um eine ausgewogene Ernährung sicherzustellen.

Ungesund für Kaninchen

Eine Reihe von Lebensmitteln ist für Kaninchen schwer verdaulich oder sogar giftig. Vermeiden Sie sie unbedingt.

GETREIDEHALTIGES

Pellets, Trockenfutter mit Körnern oder Samen belasten die Verdauung und fördern Zahnprobleme.

BROT, BACKWAREN

Führen zu Verdauungsstörungen und sind für Kaninchen daher tabu.

EINIGE BAUMARTEN

Zweige und Blätter von Eiche, Kastanie und Rotbuche bekommen den Tieren nicht.

ZWIEBELGEWÄCHSE

Vertragen Kaninchen aufgrund der blähenden Wirkung nicht. Dazu zählt auch Lauch.

STEINOBST

Ist wegen der in der Schale enthaltenen Blausäure ungeeignet.

HÜLSENFRÜCHTE

Verursachen Blähungen und dürfen deshalb nicht gefüttert werden.

MILCHPRODUKTE

Dürfen nicht angeboten werden, da Kaninchen ausschließlich pflanzliches Eiweiß vertragen.

GIFTPFLANZEN

Giftige Gartenpflanzen sind u. a. Efeu, Fingerhut, Holunder, Maiglöckchen.

EXOTISCHE FRÜCHTE

Aubergine, Avocado, Rhabarber vertragen die Kaninchen nicht, ebenso keine grünen Tomaten.

VORSICHT BEIM PFLANZENSAMMELN

Wenn Sie selbst frisches Grün für Ihre Kaninchen pflücken, so achten Sie darauf, dass Sie die Pflanzen nicht am Rand von Straßen und gedüngten Feldern sammeln. Suchen Sie naturbelassene Orte auf, die nicht von Hundekot verunreinigt sind. Sind Sie sich unsicher, ob Ihre Tiere gewisse Pflanzen vertragen, erkundigen Sie sich beim Tierarzt. Es gibt auch verlässliche Quellen im Internet, die auflisten, welche Pflanzenarten sich zur Fütterung eignen und welche nicht.

Die wichtigsten Regeln beim Füttern

Bei der gesunden Ernährung von Kaninchen geht es einerseits um die richtige Kost, andererseits auch darum, wie sie angeboten wird. Wenn Sie bestimmte Fütterungsregeln beachten, vermeiden Sie gesundheitliche Beschwerden.

TUT GUT

Obst und Gemüse sollten Sie vorher waschen und auch Grünfutter nur frisch anbieten. Die Reste entfernen Sie dann besser am nächsten Morgen und lassen sie nicht im Gehege liegen.

Führen Sie feste Fütterungszeiten ein. So merken Sie gleich, ob eines Ihrer Kaninchen nicht zum Fressen kommt. Appetitlosigkeit ist oft ein erstes Krankheitsanzeichen.

Kaninchen brauchen rund um die Uhr Heu, ebenso frisches Trinkwasser. Sie sollten also stets Zugang dazu haben.

Achten Sie darauf, dass Ihre Kaninchen ausreichend Zweige und faserreiches Futter bekommen. Das Knabbern an unbehandelten Ästen (z. B. von Apfel-, Birnen- oder Haselnussbäumen) hilft, die ständig nachwachsenden Zähne auf natürliche Weise abzunutzen, und beugt Zahnproblemen vor.

Frischfutter und Wasser kann im Winter im Außengehege gefrieren. Daher sollten Sie es regelmäßig kontrollieren und öfter austauschen. Vor allem muss Wasser auch im Winter rund um die Uhr zur Verfügung stehen.

Geben Sie Ihren Lieblingen lieber zwei- bis dreimal täglich kleine Portionen. Sie sind verträglicher, als wenn Sie Ihren Tieren zu viel auf einmal verabreichen.

BESSER NICHT

Jede abrupte Futterumstellung ist Gift für Kaninchen, denn sie haben ein sehr empfindliches Verdauungssystem. Daher sollten neue Futtermittel immer langsam und in kleinen Mengen eingeführt werden. Tauschen Sie also stets in kleinen Portionen nach und nach aus.

Kaninchen, die bisher kein Grünfutter bekommen haben, müssen Blatt für Blatt an diese Kost gewöhnt werden, um möglichen Verdauungsproblemen vorzubeugen.

Zucker ist generell schädlich für Kaninchen. Vermeiden Sie daher große Mengen Obst, Trockenfrüchte oder andere zuckerhaltige Leckereien, da sie zu Verdauungsproblemen und Übergewicht führen können.

Füttern Sie nie einseitig ausschließlich nur eine Sorte Grün- oder Saftfutter. Gut gemischt ist besser verträglich.

Verfüttern Sie grundsätzlich nichts, das gefroren, vergammelt, verschimmelt oder mit Schadstoffen belastet ist!

Ernähren Sie Ihre Kaninchen nicht mit ungeeignetem Trockenfutter. Es enthält oftmals zu viel Energie und zu wenig Ballaststoffe. Außerdem verursacht es nur Verdauungs- und Zahnprobleme.

Gesund und quicklebendig

Die regelmäßige Reinigung des Geheges, eine sorgfältige Pflege und eine ausgewogene Ernährung sind entscheidend für das Wohlbefinden Ihrer Kaninchen und fördern nachhaltig ihre Gesunderhaltung.

DAS GEPFLEGTE KANINCHENHEIM

Ein unsauberes Gehege ist eine ideale Brutstätte für die unterschiedlichsten Bakterien und begünstigt auf diese Weise die Ausbreitung von Krankheiten. Vor allem während der warmen Jahreszeit locken feuchte, mit Unrat durchsetzte Einstreu und Kot vermehrt die gefährlichen Fliegen an (Madenbefall!). Zusätzlich reizen die Amoniakausdünstungen die sensiblen Atemwege der Kaninchen. Für den Winter gilt, dass nur absolut saubere und trockene Einstreu für die notwendige Wärme im Stall oder Schutzhaus sorgt. Hocken die Tiere dagegen im Feuchten, verkühlen sie sich und werden krank. Auch auf dem Gehegeboden und allen Ruheplätzen ist Sauberkeit oberstes Gebot. Die Kaninchen dürfen sich nicht auf kotverschmutzten Flächen aufhalten, denn die Erreger der Kokzidiose, einer gefährlichen Erkrankung des Verdauungstrakts, werden ausgeschieden und die Krankheitskeime von den Tieren bei der Fellpflege an den Pfoten wieder aufgenommen (→ Seite 82/83).

TÄGLICHE REINIGUNG

Alle Futter- und Trinknäpfe sollten Sie gründlich unter heißem Wasser abbürsten und gut abtrocknen, bevor Sie sie zurückstellen. Frischfutter, das bis zum Morgen nicht gefressen wurde, entfernen Sie am besten aus dem Gehege. Platt getretenes Stroh im Stall und in den Schlafplätzen lockern Sie mit der Hand so auf, dass die Kotbällchen nach unten in die Kleintierstreu fallen. Reinigen Sie die speziellen Toilettenecken (oder Kistchen) vorsorglich täglich und rechen oder kehren Sie alle Kotpillen vom Boden weg.

EINMAL WÖCHENTLICH

Misten Sie die gesamte Einstreu in den Ställen und Unterkünften aus und streuen Sie sie frisch ein. Bürsten Sie im Sommer alle beweglichen Einrichtungen unter fließendem Wasser ab. Während der Frostperiode erfolgt die Reinigung am besten mit Rechen, hartem Besen, Schaufel und Spachtel (bei eingetretenem Kot auf den Liegeplätzen).

SAUBER UND GEPFLEGT

Gepflegte Tiere und ein sauberes Gehege – das ist mit die beste Gesundheitsvorsorge, die Sie Ihren Tieren bieten können. Wenn Sie Ihre Kaninchen zudem aufmerksam beobachten, merken Sie rechtzeitig, dass sich ein Tier plötzlich anders als gewohnt verhält. Zusammen mit dem täglichen Körpercheck lassen sich so eventuelle Krankheiten rechtzeitig erkennen (→ Seite 84/85).

EIN SCHÖNES HAARKLEID

Ebenso wie Wildkaninchen wechseln auch Kaninchen, die im Außengehege leben, jeweils im Frühling und im Herbst ihr Haarkleid. In dieser Zeit können Sie den Fellwechsel unterstützen, indem Sie Ihre Kaninchen einmal wöchentlich mit einer Naturborstenbürste in Wuchsrichtung bürsten. Löwenkopfkaninchen brauchen allerdings etwas mehr Pflege, da ihr Fell an den Stellen, wo es länger wächst, zum Verfilzen neigt. Am besten verwenden Sie für diese Tiere spezielle Kämme und Bürsten aus dem Zoofachhandel, die auch für die Pflege von Langhaarkatzen eingesetzt werden. Leichte Knoten lösen Sie durch Druck mit zwei Fingern schmerzlos. Starke Knoten schneiden Sie mit einer Schere (mit abgerundeten Spitzen) ab. Bürsten Sie die Tiere bitte nie gegen den Strich, denn das mögen sie überhaupt nicht.

Langhaar: Vor allem die »Flauschis« unter den Kaninchen, deren langer Wolle die stützenden

ZAHNKONTROLLE Sie ist wichtig, um die korrekte Stellung von Gebiss und Schneidezähnen zu erkennen. Überlange Zähne muss der Tierarzt kürzen.

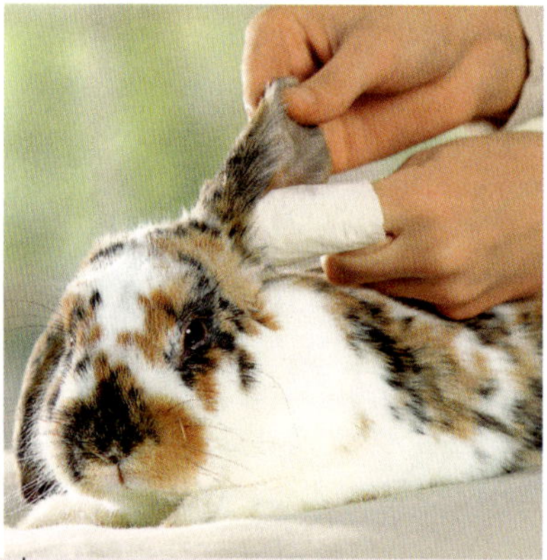

OHREN SÄUBERN Nehmen Sie dazu ein sauberes Papiertaschentuch. Niemals Wattestäbchen verwenden, da man damit den Gehörgang im Ohr verletzen kann!

KRALLEN SCHNEIDEN Krallen, die sich nicht natürlich abnutzen und zu lang werden, müssen regelmäßig gekürzt werden.

Grannhaare fehlen, verfilzen nur allzu schnell. Lassen Sie solche Tiere im Sommer am besten kurz scheren, damit sie nicht so unter der Hitze leiden. Da ihr angezüchtetes Wollkleid auch Regen und Schnee nicht gut abweist, bin ich der Meinung, dass diese Rassen eher für die Wohnungshaltung geeignet sind.

Hinweis: Beobachten Sie, dass Kotpillen mit Haaren verkettet ausgeschieden werden, hat das Tier zu viel lose Haare beim Felllecken verschluckt. Ein wenig Paraffinöl über Kaninchens Lieblingsfutter beugt Haarballen (Bezoaren) vor und sorgt für eine zügige Darmpassage.

KRALLEN SCHNEIDEN

Das Kaninchen hat stets nachwachsende Krallen, die ihm beim Tunnelgraben helfen. Können Ihre Kaninchen im Außengehege im Erdreich buddeln, nutzen sich die Krallen natürlich ab. Auch das Laufen über Steinplatten (mit rauer Oberfläche) fördert den Krallenabrieb.

Sind die Krallen trotzdem einmal zu lang geworden, lassen Sie sich das Krallenkürzen am besten das erste Mal von einem Tierarzt oder einem Experten zeigen.

- → Das Kaninchen besitzt an den Vorderpfoten fünf, an den Hinterpfoten vier Krallen.
- → Schneiden Sie die Kralle mithilfe einer speziellen Krallenzange (aus dem Zoofachhandel) etwa sieben Millimeter über den Blutgefäßen (dem lebenden Teil) ab. Bei hellen Krallen scheint das sogenannte »Leben« gut erkennbar rötlich durch.
- → Bei dunklen Krallen hilft es, diese von unten mit einer starken Taschenlampe anzuleuchten.
- → Falls Sie trotz aller Vorsicht einmal die Blutgefäße verletzen sollten, so drücken Sie kurz ein sauberes Taschentuch auf die Verletzung und verschließen die Stelle mit einem Sprühpflaster.

GESUNDE ZÄHNE

Die Zähne des Kaninchens wachsen etwa 10 cm pro Jahr. Vor allem Grünpflanzen, Gemüse, Heu und Zweige sorgen für einen natürlichen Zahnabrieb. Körnerfutter dagegen und harte Pellets werden nicht ausgiebig genug zwischen den Backenzähnen zermahlen, sondern eher zerquetscht. Die Folge davon ist ein mangelnder Zahnabrieb mit schwerwiegenden gesundheitlichen Folgen.

Kontrolle: Auf dem Foto Seite 76 ganz links habe ich eine Zahnkontrolle vorgenommen. Sie zeigt ein Kaninchen mit einer gesunden Gebissstellung und Zahnlänge. Hierbei greifen die vorderen Schneidezähne des Oberkiefers wie bei einer Schere knapp über die Zähne des Unterkiefers (Scherengebiss).

Das junge Blaulohkaninchen reinigt sein Fell mithilfe der Zunge. So bleibt sein Haarkleid stets trocken und sauber.

Zahnprobleme: Als Laie kann man eine Kontrolle der tiefer liegenden Backenzähne nicht vornehmen. Beobachten Sie jedoch, dass die Haare um die Mundspalte durch herausfließenden Speichel verklebt sind und das Kaninchen »leer« kaut, müssen Sie es unverzüglich einem Tierarzt vorstellen.

Angeborene Gebissfehlstellung: Hier können sich die Zähne nicht mehr auf natürliche Weise abschleifen und wachsen unkontrolliert weiter. Solch einem Kaninchen muss der Tierarzt die Zähne turnusmäßig (etwa alle vier Wochen) kürzen, sonst ist es nicht mehr in der Lage, Futter aufzunehmen. Gute Tierärzte »trimmen« die Schneidezähne mittels einer Zahnturbine. Denn werden sie mit einer Zange abgeknipst, besteht die große Gefahr, dass der Zahn längs splittert und die Wurzel verletzt oder gar zerstört wird.

UMGANG OHNE STRESS

Der Umgang mit einem Kaninchen erfordert Geduld, Einfühlungsvermögen und vor allem Respekt vor den Bedürfnissen des Tieres. Viele Kaninchen sind von Natur aus scheu und brauchen Zeit, um Vertrauen zu fassen. Doch gerade dieses Vertrauen ist entscheidend, um dem Tier die notwendige Pflege und alle wichtigen Gesundheitskontrollen zu ermöglichen, ohne dass es dabei unnötig gestresst wird.

→ Bauen Sie also Schritt für Schritt eine entspannte Beziehung zu Ihrem Kaninchen auf. Nur so werden später weder die Pflegemaßnahmen noch Tierarztbesuche oder nötige Behandlungen zu einem Problem.

→ **Eine gewisse Zutraulichkeit:** Sie ist Voraussetzung dafür, dass Sie ein Kaninchen für die Gesundheitskontrolle hochnehmen können, um es zu untersuchen oder ihm Medikamente einzugeben. Sind die Tiere dagegen scheu, wird dieses Unterfangen zu einer sehr stressigen Angelegenheit für Mensch und Tier.

→ **Vertrauen aufbauen:** Füttern Sie immer wieder einmal besondere Leckerbissen direkt aus der Hand. Gehen Sie dazu auf Gesichtshöhe mit dem Tier (so wirken Sie weniger bedrohlich) und locken Sie es mit freundlicher Stimme.

→ **Streicheln:** Tun Sie dies nur, wenn das Kaninchen von sich aus dazu aufgelegt ist. Nicht jede Fellnase ist eine Schmusebacke, und mit »Zwangsknuddeln« erreicht man nur das Gegenteil.

→ **Richtig aufnehmen:** Nähern Sie sich dem Tier stets von vorn. Lassen Sie es kurz am flachen Handrücken schnuppern. Greifen Sie es ruhig, aber sicher am losen Rückenfell hinter den Ohren. Beim Hochnehmen unverzüglich mit der anderen Hand das Hinterteil abstützen, damit das Kaninchen nicht frei in der Luft hängt. Nehmen Sie das Tier nie an den Ohren hoch!

→ **Zur Behandlung:** Setzen Sie sich das Kaninchen auf den Schoß. Da es vorkommen kann, dass das Tier plötzlich einen wilden Befreiungsversuch startet, müssen Sie es stets gut festhalten! Haben Sie Bedenken, es allein zu schaffen, lassen Sie sich anfangs am besten von einer zweiten Person helfen.

→ **An die Transportbox gewöhnen:** Stellen Sie die Box ins Kaninchengehege, geben Sie Heu und einige Leckerbissen hinein. So ist die Box schon vertraut und wird auf dem Weg zum Tierarzt nicht mit negativen Gefühlen verknüpft.

WUSCHELKOPF
Kaninchen mit sehr flauschigem oder langhaarigem Fell brauchen Unterstützung bei der Fellpflege. Verfilzungen sollten gar nicht erst entstehen.

DAS KANINCHEN ALS PATIENT

Viele Gesundheitsprobleme und Krankheiten beim Kaninchen entstehen durch Haltungsfehler. Achten Sie daher auf eine gesunde Ernährung, Hygiene und Sauberkeit, artgerechte Unterbringung in der Außenhaltung, vorsorgliche Schutzimpfungen und eine freundliche, liebevolle Umgangsweise. Damit tragen Sie entscheidend zur Gesunderhaltung Ihrer Tiere bei.
Trotzdem kann ein Kaninchen, genau wie andere Lebewesen auch, erkranken. Je früher Sie Anzeichen bemerken und rechtzeitig zum Tierarzt gehen, desto größer sind zumeist die Heilungschancen (→ Tabelle, Seite 84).

KRANKES KANINCHEN, UND NUN?

Bedenken Sie, dass jegliche Trennung vom Partner und ein Herausnehmen aus der Gruppe das erkrankte Kaninchen zusätzlich stressen. Dies senkt wiederum seine Immunabwehr und damit die Heilungsaussichten!

- → Wenn möglich sollte das erkrankte Kaninchen im Außengehege bleiben und dort behandelt werden.
- → Auch bei einer ansteckenden Krankheit bringt die sofortige Isolation wenig, denn bis sich die Symptome deutlich zeigen, haben sich die anderen Gruppenmitglieder meist schon angesteckt.
- → Erkrankt ein Tier, sollten Sie mit Ihrem Tierarzt abklären, ob die Artgenossen vorsorglich mitbehandelt werden müssen.
- → Auch wenn Sie zum Tierarzt fahren, tröstet es den kleinen Patienten, wenn der Artgenosse in der Transportbox mitfährt. So verhindert man auch spätere Probleme beim erneuten Zusammensetzen.

Hinweis: Manchmal kann ein Tier so schwer erkranken, dass es vor allem im Winter nicht mehr im Außengehege bleiben kann. Bei einer schweren Lungenentzündung beispielsweise oder wenn die Körpertemperatur rapide abfällt und der Patient sich aus eigener Kraft kaum noch bewegen und damit auch nicht mehr warm halten kann. Begehen Sie jetzt aber keinesfalls den Fehler und holen vor lauter Mitleid das erkrankte Tier zu sich in Ihr gut beheiztes Zuhause! Zum einen wäre dieser radikale Temperaturwechsel eine weitere Belastung für den kleinen Patienten. Zum anderen müssten Sie dann das Kaninchen für den Rest der kalten Jahreszeit im Haus behalten. Ein kühler bzw. mäßig temperierter Raum ist in diesem Fall für die Behandlungszeit empfehlenswerter. Und ist der Patient wieder gesund, geht es zurück ins Außengehege.

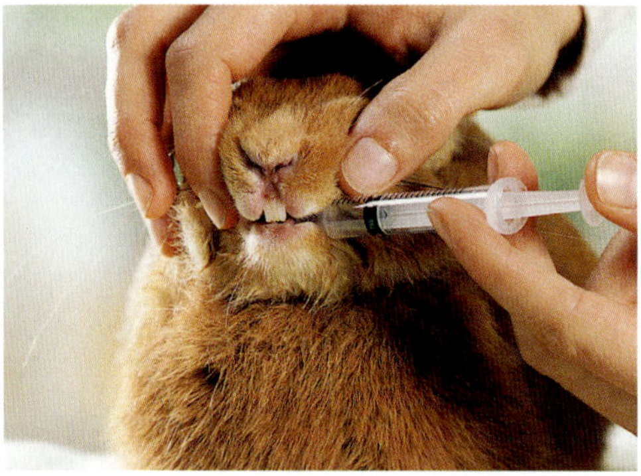

Mithilfe einer Einwegspritze (ohne Nadel) können Sie Ihrem kleinen Patienten flüssige Arznei seitlich ins Maul verabreichen.

SIND IMPFUNGEN SINNVOLL?

Noch immer sterben Hunderte von Kaninchen, weil ihre Halter sie nicht geimpft haben. Manche Erreger grassieren als echte Seuchen. Mit einer Impfung kann man die Tiere aber schützen. Geimpft werden können Kaninchen aber nur, wenn sie aktuell (noch) nicht erkrankt sind.

RHD: Rabbit Haemorrhagic Disease, auch »Chinaseuche« genannt, ist eine ansteckende, tödlich verlaufende Viruserkrankung. Die Schutzimpfung ist ab der 8. Lebenswoche möglich. Es braucht eine Grundimmunisierung (zwei Impfungen) sowie eine jährliche Auffrischungsimpfung.

Myxomatose: Bei nicht geimpften Tieren liegt die Sterblichkeitsrate bei 80 Prozent. Das Kaninchen muss zweimal grundimmunisiert werden, möglichst vor der Mückenzeit im Frühjahr. Danach eine halbjährliche Auffrischungsimpfung.

FIEBER MESSEN Im Krankheitsfall eines Tieres sollten Sie Fieber messen können. Verwenden Sie ein digitales Fieberthermometer, das Sie an der Spitze zuvor mit etwas Vaseline einfetten. Dies erleichtert ein schmerzfreies Einführen. Gemessen wird in der Afteröffnung, die sich oben an der Schwanzwurzel befindet. Die normale Körpertemperatur liegt bei 38,5 bis 40 Grad Celsius.

AUGENTROPFEN VERABREICHEN Mit der einen Hand das Kaninchen auf der Fläche fixieren und das Unterlid leicht nach unten ziehen. Dann vorsichtig die Tropfen in den Bindehautsack träufeln. Bei geröteten, gereizten Augen hilft das Naturheilmittel Euphrasia (Augentrost) aus der Apotheke. Bei verklebten Augen mit eitrigem Ausfluss umgehend zum Tierarzt gehen.

HITZSCHLAG Vor allem im Hochsommer eine Gefahr, wenn das Kaninchen nicht genügend kühlen Schatten bekommt. Liegt es völlig apathisch da, Nasenflügel weit aufgerissen, Schnauze vom Hecheln nass, und ringt nach Atem, sofort handeln! Das Tier in einen kühlen Raum bringen und ein feuchtes Handtuch über den Körper geben, bis die Körpertemperatur absinkt.

Hinweis: Es gibt mittlerweile Kombi-Impfstoffe gegen RHD und RHD-Mutationen sowie Myxomatose. Das Kaninchen kann ab der 5. Lebenswoche geimpft werden. Der Vorteil: Es ist nur eine einmalige Grundimmunisierung (bisher zweimal) erforderlich. Die Immunität dauert ein Jahr (bisher bei Myxomatose 6 Monate).

VORSICHT: FLIEGENMADEN!

Viele Kaninchen, die von Maden befallen sind, können nicht mehr gerettet werden und müssen eingeschläfert werden.

Vorsorge: Sobald es wärmer wird, sind Fliegen unterwegs. Mehr denn je gelten jetzt meine Empfehlungen zur absoluten Sauberkeit im Außengehege (→ Seite 75). Checken Sie jedes Ihrer Kaninchen einmal täglich am ganzen Körper durch. Achten Sie dabei auf kleinste Wunden und Verletzungen. Diese müssen umgehend desinfiziert und bis zur Ausheilung mehrmals täglich behandelt werden. Schwedenbitter oder Calendulatinktur sind beides Naturheilmittel, die ich dafür einsetze. Achten Sie auf kotverschmiertes oder urinnasses Fell um den Afterbereich. Fell vorsichtig wegschneiden, danach die Stelle mit Kamillenlösung abspülen und gut abtrocknen. Durchfallpatienten, geschwächte und übergewichtige Tiere sind besonders gefährdet.

Was passieren kann: An allen verschmutzten, feuchten, verletzten Körperstellen und Öffnungen legen Fliegen ihre Eier ab. Die Larven entwickeln sich innerhalb von Stunden, bohren sich durch die Haut und können die arme Kreatur buchstäblich bei lebendigem Leib auffressen. Kämmen Sie das Kaninchen mit einem Flohkamm durchs Fell. Sobald Sie auch nur eine einzige Made entdecken, fahren Sie unverzüglich mit dem Tier zum Tierarzt!

»SCHIEFHALSKRANKHEIT«, E. CUNICULI

Angeblich sind schon 80 Prozent aller Kaninchen mit diesem Erreger infiziert, ohne dass bei ihnen gesundheitliche Probleme auftreten. Warum es bei einem Tier ausbricht, hat vermutlich mit Stress, herabgesetzter Immunabwehr oder mit schlechten Haltungsbedingungen zu tun.

Das fällt auf: Der Kopf wird schief verdreht gehalten, das Kaninchen hat Gleichgewichtsstörungen, kippt um, dreht sich im Kreis oder rollt sich auf dem Boden. Andere neurologische Störungen wie Lähmungserscheinungen an den Läufen können dazukommen.

Erreger: *Encephalitozoon cuniculi* ist ein Einzeller, der das zentrale Nervensystem und auch die Nieren des Kaninchens befällt.

Behandlung: Suchen Sie mit Ihrem Kaninchen umgehend den Tierarzt auf. Die Diagnose wird mittels Bluttest bestimmt, und die Behandlung erfolgt zumeist mit einem Wurmmittel, das auch zur Bekämpfung von Giardien eingesetzt wird. Parallel dazu eine Antibiotikatherapie und hoch dosierte Gaben von Vitamin B.

DARM-KOKZIDIOSE

Auch hier sind viele Kaninchen latent infiziert und scheiden den Krankheitserreger aus, ohne selbst zu erkranken. Kommt es nun zu einer Belastung des Tieres durch Stress, andere Infektionen oder Fütterungsfehler, bricht die Erkrankung akut aus.

Das fällt auf: Das Kaninchen verliert trotz guten Appetits an Gewicht und leidet an schlimmem übel riechendem Durchfall, der zum Teil auch mit Blut vermengt ist.

Erreger: Einzeller, die in den Zellen der Darmschleimhaut schmarotzen, einen mehrphasigen Entwicklungszyklus durchlaufen, mit dem Kot ausgeschieden und erneut vom Kaninchen wieder aufgenommen werden. Deshalb ist Sauberkeit im Kaninchengehege so wichtig (→ Seite 75).

Behandlung: Umgehend zum Tierarzt gehen und eine Kotprobe mitnehmen! Zur Therapie werden Sulfonamidpräparate eingesetzt. Um den Kreislauf von Ausscheidung und Wiederaufnahme zu unterbrechen, muss alles desinfiziert und auf strikte Hygiene geachtet werden. Auch kein Futter mehr auf dem Boden anbieten!

TROMMELSUCHT

Tritt diese schmerzhafte Krankheit akut auf, kann sie innerhalb von Stunden zum Tod führen.

Das fällt auf: Aufgeblähte, stark gespannte Bauchdecke. Das Tier knirscht vor Schmerzen mit den Zähnen, leidet an Atemnot, hockt mit gekrümmtem Rücken da und trommelt mit den Läufen auf den Boden (daher der Name »Trommelsucht«).

Ursachen: Sie sind mannigfaltig. Dazu zählen etwa Fütterungsfehler wie z. B. eine radikale Umstellung, ein Zuviel von frischem, ungewohntem Grün, verdorbenes oder belastetes Futter, Folge von Vergiftungen.

Behandlung: Gehen Sie unverzüglich mit dem Tier zum Tierarzt. Die Behandlung erfolgt mit einem Spasmolytikum. Setzen Sie zu Hause sofort Grün- und Saftfutter ab und reichen Sie Heu mit Kamille, dazu getrocknete Kräuter wie Schafgarbe oder Melisse. Bieten Sie zum Trinken krampflösenden Kümmel- oder Fencheltee an.

Kaninchen sind Feinschmecker, die gern mal zwischendurch von einem Apfel kosten. Bei Fallobst unbedingt darauf achten, dass es nicht faulig oder schimmelig ist, denn dies wäre schädlich!

ABSZESSE

Sie gehören leider bei Kaninchen zu den häufigen Erkrankungen.

Das fällt auf: Sichtbare und tastbare Verdickungen unter der Haut. Kieferabszesse sind äußerlich oft nicht erkennbar. Anzeichen sind: sabbern, »leer« kauen, verminderte Nahrungsaufnahme, verbunden mit Gewichtsverlust (→ Tabelle unten).

Ursachen: In kleinere Verletzungen auf der Haut (Rangordnungskämpfe, Bisse) dringen Bakterien ein, die eine eitrige Entzündung verursachen bis hin zu einer eitergefüllten Kapsel (Beule). Kieferabszesse werden durch Zahnfehlstellung verursacht oder durch Fremdkörper, die sich festsetzen können, eine Entzündung verursachen und als Folge davon zur Abszessbildung im Maul führen.

Behandlung: Bei den ersten Anzeichen sollten Sie mit Ihrem Kaninchen den Tierarzt aufsuchen und keinesfalls selbst daran »herumdoktern«.

BEI DIESEN KRANKHEITSANZEICHEN UMGEHEND ZUM TIERARZT			
AKTIVITÄT	Das Tier ist apathisch, zieht sich zurück. Starke Unruhe (mit anderen Symptomen)	**OHREN**	Schuppiger, borkiger Belag, knotige Anschwellungen
VERHALTEN	Es knirscht vor Schmerzen mit den Zähnen, trommelt mit den Läufen, dreht und rollt sich, Gleichgewichtsstörungen, Lähmungserscheinungen	**NASE**	Eitriger Ausfluss; das Tier versucht ihn durch »Prusten« und mit der Pfote zu entfernen
FRESSVERHALTEN	Verweigert jede Nahrung; frisst gut, magert aber ab	**MAUL**	Das Kaninchen hat vermehrten Speichelfluss; es sabbert
FELL UND HAUT	Kahle schorfige Stellen; das Tier kratzt sich vermehrt, Entzündungen, Geschwüre und Anschwellungen	**BAUCH**	Bauchdecke hart und gespannt, stark aufgetrieben und schmerzempfindlich
ATMUNG	Schnelle flache Atmung, bebt am gesamten Körper, Atemnot, Erstickungskrämpfe, Husten	**VERDAUUNG**	Starker Durchfall, dünnflüssig, riecht unangenehm, eventuell sogar mit Blut vermischt; kein Kotabsatz, das Tier presst mit gekrümmtem Rücken
KOPF	Hält den Kopf schief oder schüttelt ihn häufig	**URIN**	Schmerzlaute beim Wasserlassen, Blut im Urin
AUGEN	Schwellung der Lider, verklebte Augen, eitriger Ausfluss	**BEINE**	Unnormale Stellung; das Kaninchen humpelt und versucht das Bein zu schonen

UNLIEBSAME PLAGEGEISTER

Es würde den Rahmen dieses Ratgebers sprengen, alle Plagegeister, die ein Kaninchen befallen können, aufzuführen. Deshalb stelle ich Ihnen hier nur die häufigsten vor.

Zecken: Die blutsaugenden Parasiten lauern an Gräsern und Sträuchern. Streift das Kaninchen eine Zecke, greift sie blitzschnell mit den starken Krallen ihrer Vorderbeine die Haut oder das Fell und klammert sich daran fest. Da Zecken anfangs sehr klein sind, kann man sie im Fell der Kaninchen schwer erkennen. Vollgesogen werden sie mit einer speziellen Zeckenzange entfernt. Vorsicht, der Zeckenkopf muss unbedingt mit herausgedreht werden.

Herbstgrasmilben: Sie lauern – besonders im Herbst – auf Wiesen und siedeln sich bevorzugt an weniger behaarten Stellen an. Mit der Lupe sind sie als gelbliche Pünktchen zu erkennen.

Flöhe: Wenn sich das Kaninchen vermehrt kratzt, kämmen Sie das Tier mit einem Flohkamm durch. Oder Sie setzen es auf ein weißes Blatt Papier. Herausfallender Flohkot ist als schwarze und rote Punkte erkennbar.

Behandlung: Am besten mit dem Tierarzt besprechen. Es gibt inzwischen hervorragende biologische Mittel, die gut wirken und besser verträglich sind als die üblichen chemischen Keulen.

FRESSEN KANINCHEN IHREN KOT?

Kaninchen fressen nicht die üblichen trockenen Kotkügelchen, sondern ihren sogenannten Blinddarmkot. Und der ist reich an lebenswichtigen Vitaminen und Roheiweiß. Meist nimmt das Kaninchen den Blinddarmkot direkt vom After auf. Finden Sie in der Einstreu trotzdem mal »Träubchen«, die aus weichen, feucht glänzenden Kotpillen bestehen, dann handelt es sich hier um den wertvollen Blinddarmkot. Manchmal kommt es vor, dass das Kaninchen diesen vermehrt ausscheidet und dann im Stall platt tritt.

HAT DIE HÄSIN MONATSBLUTUNGEN?

Immer wieder werde ich gefragt, ob die Häsin ihre Periode – wie eine Frau – bekommt. Klare Antwort: Nein! Die Häsin wird brünstig, und der Eisprung wird erst Stunden nach dem erfolgten Deckakt durch den Rammler ausgelöst. Entdecken Sie Blut in der Einstreu, können aber keine offene Wunde an dem Tier entdecken, dann muss das Kaninchen unverzüglich dem Tierarzt vorgestellt werden. Entzündungen der Blase und der Nieren sowie eine Gebärmutterentzündung können blutigen Urin verursachen.

Abgelagerte Sekrete in den Geschlechtsecken sollten monatlich mit einem Wattestäbchen, das in Babyöl getränkt ist, entfernt werden.

KANINCHEN VERGESELLSCHAFTEN

Warum man ein Kaninchen nie allein halten sollte, habe ich bereits erklärt. Ideale Kombinationen für eine Zusammenstellung finden Sie auf den Seiten 19–21 und im Tipp auf Seite 89. Häufig erhalte ich Zuschriften, dass Halter nach dem Lesen meiner Ratgeber zu ihrem Einzelkaninchen einen Artgenossen aufgenommen haben. Das freut mich natürlich außerordentlich.

EIN NEUES KANINCHEN ZIEHT EIN

Alle Kaninchen sind revierbezogen und leben in einer festen Rangordnung (→ Seite 8/9). Davon auszugehen, dass das alteingesessene Tier mit dem Neuzugang gleich kuschelt, ist eher kaninchenuntypisch. Die Rangfolge muss nun einmal abgeklärt werden. Wie lange so etwas dauert und wie die Vergesellschaftung abläuft, hängt von zahlreichen Faktoren ab. Nachfolgend meine Empfehlungen, die Ihnen bei einer erfolgreichen Vergesellschaftung Ihrer Kaninchen helfen.

Gesundheitsschutz: Am besten lassen Sie das neue Kaninchen umgehend vom Tierarzt durchchecken und auch eine Kotuntersuchung vornehmen (→ Kokzidiose, Seite 82/83). Wenn die Untersuchungen keinen auffälligen Befund ergeben, können Sie mit der Zusammenführung starten. Während der Quarantänezeit von rund zwei Wochen muss man den Neuling in einem getrennten Raum unterbringen.

Jahreszeit: In der Außenhaltung ist die Spanne von Mai bis September ideal. So erspart man sich langwierige Umstellungsphasen und kann auch ein Kaninchen aus der Innenhaltung sogleich nach draußen setzen (→ Seite 24).

Neutraler Grund: Grundsätzlich sollte man kein neues Kaninchen einfach in das Revier setzen, wo schon ein anderes zu Hause ist. So ruft man nur unnötige Aggressionen hervor. Ein neutraler Boden für die erste Begegnung könnte sein: ein Raum im Haus, die Garage, oder Sie stecken mit den Gitterelementen einen Bereich in Ihrem Garten ab, der von dem anderen Kaninchen noch nicht benutzt und markiert wurde.

Die Zusammenführung: Verteilen Sie Heukörbchen und Leckerbissen in dem Raum oder Auslauf, damit die Tiere immer etwas zum Fressen

Mit aufgerissenem Maul läuft Häsin Miss Marple wütend Maxi hinterher. Als Revierinhaberin will sie die Neue vertreiben.

Mit einem eleganten Sprung entzieht sich Maxi der Attacke. Und auch später erweist sich Maxi stets als die Flinkere.

finden und das erste Zusammentreffen mit etwas Angenehmem verknüpfen. Zusätzlich stellt man verschiedene Unterschlüpfe und Häuschen auf. Achten Sie jedoch darauf, dass kein Kaninchen von dem anderen in seinem Versteck in die Enge getrieben werden kann. Das Tier sollte stets durch einen weiteren Ausgang entfliehen können. Sonst provoziert man möglicherweise eine heftige Auseinandersetzung zwischen beiden Kontrahenten mit unnötigen Verletzungen.

Problem Rückzug: Manchmal kommt es vor, dass sich ein Kaninchen stundenlang in ein Häuschen verzieht und nicht mehr hervorkommen will. Nähert sich das andere Tier neugierig, wird der sichere Zufluchtsort (Bau) verteidigt, was zu weiterem Stress führt. Vor allem bei einem gleichalten Pärchen, kastrierter Bock mit Häsin, sind die Chancen einer erfolgreichen Vergesellschaftung am größten. Hier sollte man den Klärungsprozess nicht unnötig lange hinauszögern, sondern in diesem Fall besser alle Verstecke entfernen. Zu den üblichen Ritualen zählen gegenseitiges vorsichtiges Beschnuppern, anstupsen, Dominanzaufreiten, wobei ein Kaninchen das andere berammelt (→ Seite 13), Verfolgungsjagden, sich umkreisen, überspringen, Urin verspritzen (→ Seite 13), Unmutsäußerungen wie Brummeln, sich gegenseitig anspringen, wobei auch mal Fellbüschel fliegen können. Doch all dies ist noch kein Grund zur Besorgnis.

Das hilft: Wenn es gar nicht klappen will, packen Sie beide Kaninchen in eine Transportbox und fahren mit ihnen eine Stunde lang Auto. Kaninchen mögen keine Autofahrten, und der gemeinsam durchgestandene Stress schmiedet die beiden Kontrahenten zusammen. Ich selbst habe das bereits mehrfach mit Erfolg ausprobiert.

Gut zu wissen

Nicht zu früh eingreifen Bei manchen Kaninchen scheint es Liebe auf den ersten Blick zu sein, andere benötigen länger, bis sie sich miteinander verstehen. Bis dahin jedoch sollte man die Tiere stets gut im Auge behalten, tief durchatmen und sich in Geduld üben. Sicherlich nicht immer einfach, wenn man seinem kleinen Liebling eigentlich nur etwas Gutes tun wollte mit dem neuen Partner oder der Partnerin. Und nun scheinen beide keineswegs davon so begeistert zu sein wie vielleicht erwartet. Nicht den Mut verlieren, in den meisten Fällen klappt es über kurz oder lang. Greifen Sie nicht aus Mitleid zu früh ein und trennen die Tiere wieder voneinander, sonst zögert sich dieser wichtige Klärungsprozess nur noch länger hinaus.

Der Einzug ins Revier: Wenn die Kaninchen beieinanderliegen, sich gegenseitig das Fell putzen und zusammen fressen, ist das Schlimmste überstanden. Warten Sie noch ein, zwei Tage ab. Läuft es weiterhin friedlich, kann der Umzug beginnen. Setzen Sie den Neuling zuerst ins Gehege, damit er oder sie in Ruhe alles erkunden und markieren kann. Dieser kleine Platzvorteil stärkt das Selbstbewusstsein des Neulings. Erst ein paar Stunden danach sollte das Kaninchen einziehen, das hier zuvor schon gelebt hat. Kommt es zu erneuten Kabbeleien, werden die Revierfragen abgeklärt. Haben sich die Kaninchen jedoch zuvor schon gut verstanden, werden diese Streitereien sicher bald ausgestanden sein.

IN DIESEN FÄLLEN EINGREIFEN

Wenn Sie beobachten, dass sich die Kaninchen wütend zu einem festen Knäuel verbeißen und gar nicht mehr voneinander lassen wollen, müssen Sie eingreifen. Versuchen Sie nicht, mit bloßen Händen dazwischenzugehen, denn die Tiere sind so erregt, dass Sie ebenfalls Bisse und Kratzer abbekämen. Eine bessere Vorgehensweise ist, eine Decke über die Kämpfer zu werfen und sie unverzüglich voneinander zu trennen. Lassen Sie sich dabei von einer zweiten kaninchenerfahrenen Person helfen. Suchen Sie danach jedes der Kaninchen nach Kampfspuren und Verletzungen ab. Kleinere Bisswunden können Sie desinfizieren und mit einer Wundsalbe behandeln.

Die Riesenschecke beschnuppert den Farbenzwerg zur ersten Kontaktaufnahme. Eine übliche Verhaltensweise zur geruchlichen Erkennung.

Bei größeren Verletzungen sollten Sie mit dem Tier zum Tierarzt gehen, da Wunden eventuell genäht werden müssen.

Vorübergehende Trennung: Zur Beruhigung gibt man jedes Kaninchen in einen separaten Zimmerkäfig mit Auslauf. Während dieser Trennungsphase sollten sich die Kontrahenten nicht sehen. Nach ein bis zwei Wochen starten Sie einen erneuten Versuch der Vergesellschaftung.

Notfälle: Wenn ein Tier in der Gruppe dauerhaft gemobbt und so eingeschüchtert wird, dass es sich komplett zurückzieht und auch kaum noch fressen möchte, sollte man dieses Kaninchen aus der Gruppe nehmen. Das Gleiche gilt, wenn sich zwei, trotz aller Versuche, überhaupt nicht verstehen wollen und sich dauerhaft blutige Kämpfe liefern. Häufig hilft es, wenn man für das Kaninchen einen anderen Artgenossen auswählt, mit dem es lieber zusammenlebt. Einzelhaltung ist keine Alternative, aber eine stressige Zwangsvergesellschaftung ebenfalls nicht. Vergessen Sie nicht, dass bei dauerhaftem Stress auch die Immunabwehr des Tieres beeinträchtigt wird. Als Folge davon können versteckte Krankheiten ausbrechen, wie beispielsweise E. cuniculi (→ Seite 82).

MONI UND MAXI ZIEHEN EIN

Vielleicht erinnern Sie sich noch an die beiden Tierheimkaninchen, die ich bei mir im Haus Schritt für Schritt auf die Außenhaltung umgestellt habe (→ Seite 24). Mitte Januar konnten beide endlich in Danis großes Gehege umziehen (→ Seite 50). Dort wohnten schon Major Tom und Miss Marple, ebenfalls zwei »Nichtmehrgewollte«, und eine Sippe Meerschweinchen. Lange haben wir überlegt, ob wir nicht besser ein weiteres Pärchen dazugeben sollten. Doch Major Tom ist eher schüchtern und wäre mit einem zweiten Männchen höchstwahrscheinlich überfordert gewesen. So hielt er sich auch während der anfänglichen Auseinandersetzungen komplett aus allem raus. Gleichfalls Moni, das gelb-weiß gescheckte Mädchen. Anders verlief es zwischen Miss Marple, der Revierchefin, und Maxi. Instinktiv erkannte Miss Marple, dass zwischen ihr und der selbstbewussten Maxi die Rangfolge abzuklären war, und erklärte diese Angelegenheit gleich zur Chefsache. Doch Maxi erwies sich stets als die Flinkere. Und trotz aufgerissenem Maul konnte die anfangs wütende Miss Marple keinen Biss bei Maxi landen. Innerhalb von nur zwei Wochen eroberten Moni und Maxi ihren Platz in der Gruppe. Seitdem sind alle vier ein Herz und eine »Kaninchenseele« ...

WELCHE TIERE VERTRAGEN SICH?

Jungtiere: Bis zur Geschlechtsreife kann man diese ohne Probleme gleich zusammensetzen. Den Bock unbedingt frühzeitig kastrieren lassen!

Ein Paar: Diese Geschlechterkombination versteht sich meist am besten. Halten Sie nur einen kastrierten Rammler mit der Häsin zusammen.

Ähnliches Alter: Setzen Sie kein Baby zu einem ausgewachsenen Kaninchen. Das Kleine wäre körperlich unterlegen und dem psychischen Stress nicht gewachsen.

Befreundete Tiere: Gerade bei älteren Kaninchen ist es ideal, gleich zwei Tiere aufzunehmen, die schon miteinander befreundet sind (beispielsweise aus dem Tierheim).

Gruppe: Zwei Pärchen, zwei Weibchen mit einem kastrierten Bock oder eine andere Kombination. Wer zusammenpasst, hängt auch von der Persönlichkeit der einzelnen Tiere ab. Auch Größe und Ausstattung des Geheges müssen den Bedürfnissen der Gruppe angepasst werden.

Die **halbfett** gesetzten Seitenzahlen verweisen auf Abbildungen, UK = Umschlagklappe.

Die Inhalte dieses Buches beziehen sich auf die Bestimmungen des deutschen Tier- bzw. Artenschutzes. In anderen Ländern können die Angaben abweichend sein. Erkundigen Sie sich daher im Zweifelsfall bei Ihrem Zoofachhändler oder bei der entsprechenden Behörde.

ADRESSEN

- Zentralverband Deutscher Rasse-Kaninchenzüchter e. V. (ZDRK)
  Am Kirchgarten 62, 67434 Neustadt
  www.zdrk.de
- Rassezuchtverband Österreichischer Kleintierzüchter (RÖK)
  Unterlochnerstr. 17b, A-5230 Mattighofen
  www.kleintierzucht-roek.at
- Rassekaninchen Schweiz
  Industriestr. 9, CH-3362 Niederönz
  www.kleintiere-schweiz.ch
- Deutscher Tierschutzbund e. V.
  In der Raste 10, 53129 Bonn
  www.tierschutzbund.de
- Österreichischer Tierschutzverein
  Berlagasse 36, A-1210 Wien
  www.tierschutzverein.at
- Schweizer Tierschutz (STS)
  Dornacherstr. 101, CH-4018 Basel
  www.tierschutz.com

INTERNETADRESSEN

- www.bunnyhilfe.de
- www.ggtm.de
- www.sweetrabbits.de
- www.zwergkaninchen.info
- www.giftpflanzen.ch

BÜCHER, DIE WEITERHELFEN

- Linke-Grün, Gabriele: 300 Fragen zum Zwergkaninchen, Gräfe und Unzer Verlag, München
- Wegler, Monika: Zwergkaninchen, Gräfe und Unzer Verlag, München
- Wegler, Monika: Liebenswerte Zwergkaninchen, Gräfe und Unzer Verlag, München

DANK

Verlag und Autorin/Fotografin danken den Mitgliedern der Kleintierhilfe München für die Bereitschaft, ihre Außengehege fotografieren zu lassen, und deren freundliche Unterstützung, ebenso wie den anderen Kaninchenhaltern. Mehr zu dieser kleinen, aber sehr engagierten Tierschutzinitiative erfahren Sie unter: www.kleintierhilfe-muenchen.de
Bedanken möchte ich mich auch beim Verband Bayerischer Rassekaninchenzüchter e. V., ganz besonders bei den Vereinen B244 und B1, wo ich so viele unterschiedliche Rassekaninchen fotografieren konnte.

BILDNACHWEIS

Cover: Adobe Stock / cuhle-fotos
Illustrationen: Bella Illenberger

Alle Fotos in diesem Buch stammen von Monika Wegler, mit Ausnahme von: **Adobe Stock:** 001, 011-1, 035, 067-2, 068-1, 068-2, 068-4, 068-5, 068-6, 069-1, 069-2, 069-3, 070-1, 070-2, 070-3, 070-4, 070-5, 070-6, 071-1, 071-2, 071-3, 073, 079, 093, U4, U8; **Alamy / A7880S:** 004-1, **Alamy / Jemastock:** 005-1, **Alamy / Cora Müller:** 027; **Getty Images / robert reader:** 32, **Getty Images / Sneksy:** 075; **imageBROKER.com / Schoening:** 032; **IMAGO / Shotshop:** 041; **iStock/vanillamilk:** 005-2; **iStock / Maya23K:** 018; **Shutterstock:** 002, 003, 004-2, 022, 023; 028, 054, 068-3; **Tierfotoagentur/T. Bauer:** 059, **Tierfotoagentur/R. Richter:** 064-1; **Trio / Kim Partridge:** 015; **Trio / Nicole Schick:** 031

Tierarztcheck

Wer Kaninchen hält, sollte regelmäßig zum Tierarzt. Einige Impfungen werden dringend empfohlen, und auch diverse Vorsorgeuntersuchungen sind sinnvoll.

Kaninchen in Freilandhaltung sind besonders anfällig für Infektionskrankheiten. Das Tückische dabei: Oft versuchen die Tiere so lange wie möglich zu verbergen, dass es ihnen nicht gut geht. Da Kaninchen Fluchttiere sind, liegt das in ihrer Natur. Hinzu kommt, dass manche Krankheiten sehr schnell ausbrechen und dann einen schweren, manchmal tödlichen Verlauf nehmen.

Impfungen: Zum Schutz vor RHD und Myxomatose (→ Seite 81) gibt es bewährte Impfstoffe. Am besten gehen Sie bereits mit Ihren jungen Kaninchen zum Tierarzt und lassen sich beraten, ob es in Ihrer Region Seuchen oder neuartige Erregerstämme gibt – und welche Impfungen für Ihre Rasse wann und in welchen Abständen empfohlen werden. Geimpft werden nur gesunde Tiere. Es gibt Kombipräparate, die mit einer Impfung vor mehreren Erregern schützen.

EMPFOHLENE IMPFUNGEN

KRANKHEIT	INTERVALL
RHD	Grundimmunisierung + jährliche Auffrischimpfung
Myxomatose	Grundimmunisierung + halbjährliche Auffrischimpfung
Tollwut	Nach Absprache mit dem Tierarzt. Kann in manchen Regionen immer noch sinnvoll sein.

Empfohlene Check-ups: Um herauszufinden, ob Ihre Kaninchen eventuell mit E. Cuniculi (→ Seite 82) infiziert sind, ist ein Bluttest empfehlenswert. Bei Häsinnen ist eine regelmäßige Untersuchung der Gebärmutter oder eine Kastration angeraten. Röntgenaufnahmen können dabei helfen, versteckte Erkrankungen des Bewegungsapparats oder der Zähne zu erkennen.

Wichtig

Gesunde Kaninchen haben klare Augen, glänzendes Fell und fressen viel und gern. Sie sind rege, quicklebendig und entdeckungsfreudig. Als Fluchttiere reagieren sie schnell und sensibel auf optische Reize und Geräusche. Da die Tiere Krankheiten anfangs häufig verbergen, sollten Sie das Verhalten Ihrer Lieblinge gut beobachten (→ Seite 84) und bei Auffälligkeiten sicherheitshalber zum Tierarzt gehen.

Monika Wegler

Monika Wegler arbeitet seit 1983 als selbstständige Fotografin und Autorin in München. Sie hat mehr als 90 erfolgreiche Ratgeber illustriert und viele davon auch selbst geschrieben. Neben der Bucharbeit ist sie durch ihre beliebten Kalender und Veröffentlichungen in Zeitschriften und Werbung bekannt geworden. Sie verfügt über 30 Jahre praktischer Erfahrung in der Haltung und Aufzucht von Kaninchen. Frau Wegler hält die Tiere, lebt mit ihnen zusammen und unterstützt seit vielen Jahren aktiv und finanziell Tierhilfsorganisationen, deren Arbeit sie gut kennt. Wer mehr über die Autorin und Fotografin erfahren möchte, kann sich auf ihrer Homepage informieren: www.wegler.de.

LIEBE LESERIN, LIEBER LESER,

wie wunderbar, dass du dich für ein Buch von GU entschieden hast! In unserem Verlag dreht sich alles darum, dir mit gutem Rat dein Leben schöner, erfüllter und einfacher zu machen. Unsere Autorinnen und Autoren sind echte Expertinnen und Experten auf ihren Gebieten, die ihr Wissen mit viel Leidenschaft mit dir teilen. Und unsere erfahrenen Redakteurinnen und Redakteure stecken viel Liebe und Sorgfalt in jedes Buch, um dir ein Leseerlebnis zu bieten, das wirklich besonders ist. Qualität steht bei uns schon seit jeher an erster Stelle – jedes Buch ist von Büchermenschen für Buchbegeisterte gemacht, mit dem Ziel, dein neues Lieblingsbuch zu werden.

Deine Meinung ist uns wichtig, und wir freuen uns sehr über dein Feedback und deine Empfehlungen – sei es im Freundeskreis oder online.

Viel Spaß beim Lesen und Entdecken!

P.S. Hier noch mehr GU-Bücher entdecken: www.gu.de

DIE BÜCHERMENSCHEN HINTER DIESEM PROJEKT

Verlagsleitung: Nadja Harzdorf-van Wickeren
Projektleitung: Jens van Rooij
Lektorat: Gerdi Killer, booklab GmbH, München
Korrektorat: Christian Wolf, München
Bildredaktion: Petra Ender
Cover & Layout: ki36 Sabine Krohberger Editorial Design, München
Satz: Longo AG, Bozen
Herstellung: Petra Roth
Illustrationen (»Auf einen Blick«): Bella Illenberger
Reproduktion: Longo AG, Bozen
Druck & Bindung: Firmengruppe Appl, aprinta GmbH, Wemding

www.gu.de/kontakt | hallo@gu.de

GU ist eine eingetragene Marke der GRÄFE UND UNZER VERLAG GmbH

1. Auflage 2025,
ISBN: 978-3-8338-9737-5

WERDE TEIL DER GU-COMMUNITY!

Du und deine Familie, dein Haustier, dein Garten oder einfach richtig gutes Essen. Egal, wo du im Leben stehst: Als Teil unserer Community entdeckst du die neuesten GU-Bücher als Erstes, du genießt exklusive Leseproben und wirst mit wertvollen Impulsen und kreativen Ideen bereichert.

Worauf wartest du? Sei dabei!

www.gu.de/gu-community

© Kay Blaschke

FÜR DIE UMWELT

Dieses Buch wurde auf PEFC-zertifiziertem Papier aus nachhaltiger Waldwirtschaft gedruckt. Aus Liebe zur Natur verwenden wir leichtes Papier.

WICHTIGER HINWEIS

Die Gedanken, Methoden und Tipps in diesem Buch basieren auf den Erfahrungen der Autorin. Sie wurden nach bestem Wissen erstellt und mit größtmöglicher Sorgfalt geprüft. Weder Autorin noch Verlag können jedoch für eventuelle Nachteile oder Schäden, die aus den im Buch gegebenen praktischen Hinweisen resultieren, eine Haftung übernehmen.

WARUM UNS DAS BUCH BEGEISTERT

Ein kompetenter Leitfanden mit vielen praktischen Beispielen – für alle, die ihren Kaninchen ein glückliches und sicheres Zuhause im Freien bieten wollen.

Nadja Harzdorf-van Wickeren, Verlagsleitung